KB271034

이병록의 新대동여지도

해군제독의 국토순례기

님께

조상 숨결이 대대로 스민 이 터전과
그 안에 쌓이고 깃든 역사와 문화
우리 함께 가꾸고 지켜 나갑시다.

고맙습니다.

이병록의 新대동여지도

해군제독의 국토순례기

　이 책을 읽으면 묵직한 발걸음 소리가 들립니다. 작가가 온몸으로 써 간 문장과 동행하다 보면, 우리 땅, 우리 역사, 우리 삶과 꿈에 대한 깊은 애정이 지층처럼 마음에 차곡차곡 쌓입니다. 『이병록의 신대동여지도』를 내려놓은 후, '걷는다'는 것이 곧 '살아간다'는 것임을 새삼 깨닫고, 어느새 문밖으로 발길을 옮기고 싶어집니다.

- 김동연(경기도지사)

　저자는 평생 국토를 수호하며 살아온 분입니다. 이제는 자신이 지켜온 이 땅을 직접 걸으며, 그 땅 위에 살아온 이들의 삶과 이야기를 온몸으로 받아 적고 있습니다. 그는 국토를 국민의 땀이 밴 역사로, 삶의 흔적이 남은 문화의 공간으로 바라봅니다. 국토야말로 가장 훌륭한 교육의 장이라는 그의 시선은, 오늘날 정체성을 잃기 쉬운 시대 속에서 국가와 국민, 주권의 의미를 다시 일깨워 줍니다.

- 설동근(부산시 12,13,14대 교육감, 전 교육과학기술부 1차관)

충남지사로 일하며 숨 쉬고 걸었던 그 고장의 정취를, 저자는 발로 뛰며 기록으로 되살렸습니다. 그의 글은 단순한 여행기가 아니라, 지역의 맥락과 인간의 온기를 담아낸 깊이 있는 문화적 르포입니다. 그가 걸은 길 위에는 역사의 결, 삶의 숨결, 그리고 사람들의 마음이 배어 있습니다. 그 진정성 있는 여정은 독자들에게도 오래 남을 감동을 안겨줄 것입니다.

- 양승조(전 충청남도지사)

저는 평생 르포기자로 살아왔습니다. 그런 제 눈에도, 이병록 작가는 이 시대의 땅 위를 걷는 르포 작가입니다. 그는 여행을 통해 국토를 단순한 공간이 아니라, 삶의 터전이자 기억의 지도로 풀어냅니다. 그의 여정은 단순한 풍경 묘사를 넘어서, 시대를 살아낸 사람들의 흔적과 목소리를 기록하는 진정한 '길 위의 르포르타주'입니다.

- 문일석(브레이크뉴스 발행인)

"그곳에 가면 사람이 있다."라는 말이 있다. 어디를 가든 사람은 늘 있다. 그리고 그 사람들을 소개하고, '나도 가봐야겠다'라고 생각하게 만드는 글과 책이 있다. 이때 글과 책은 숨결이 되고, 마음결이 된다.

조선 후기 실학자인 이중환이 쓴 〈택리지〉는 근현대를 통틀어 최초의 인문 지리서로 평가받는다. 이 책은 '어디에서 살아야 하는 지'에 대한 물음에 스스로 답하는 형식으로 지리와 사람의 통섭적 관계를 풀어준 위대한 역작이다.

21세기, 이에 버금가는 책을 해군 장군 출신 이병록 제독이 "신 대동여지도"를 출간하게 되었다. 택리(擇里)의 지혜를 넘어 살 냄새나는 진정한 인문 지리의 융합적 지평을 엮어내었다. 역사의식(통시성)과 시대정신(공시성)을 구현하는 이병록 제독의 발길은 우리의 마음길이 될 것이다.

- 박승복(기독교 대한 감리회 목사, 국민주권 전국회의 사무총장)

행만리로 行萬里路, 독만권서 讀萬卷書 라는 말이 있다. 만리의 길을 가고, 만 권의 책을 읽어야 큰 인물이 될 수 있다는 뜻인데, 굳이 큰 인물이 되지 않더라도 많은 여행을 하고, 많은 책을 읽으면 인생을 풍요롭게 살 수 있다는 것은 분명한 사실이다. 이병록 제독은 이처럼 풍요로운 인생을 사는 분임은 틀림없다. 나도 제법 여행을 많이 다녀보았다고 자부하는데, 이 책에서 나온 곳을 반도 가보지 못했다, 열심히 다녀야겠다는 생각이 들게 하는 책이기도 하다.

- 한종수 작가(세상을 만든 여행자들, 강남의 탄생, 2차 대전의 마이너리그
등 많은 책을 낸 중견 작가)

걷기를 시작하다

걷기를 시작하다

이제 와 생각하면, 그 시절은 걷기의 '입문기'였다. 아직 무릎이 덜 아팠고, 낭만은 컸으며, 지도를 펼치면 설렘이 앞섰다. 나는 그렇게 초보자의 걸음으로, 느리고 서툰 걸음으로 길 위에 발을 디뎠다.

건강을 위해 시작했다는 핑계가 있었고, 움직일 수 있을 때 국가의 3요소인 영토와 국민을 돌아보겠다는 각오가 생겼다. 그 국민이 살았던 쌓임이 역사요 문화다.

처음에는 그냥, 막연한 끌림이었다. 도심의 강변길을 따라 걷다가, 산책길을 벗어나 숲길을 만나고, 어느새 둘레길 표식을 따라 낯선 마을로 접어들게 되었다.

걷기는 몸으로 하는 독서라는 말이 있다. 현장에 가서 발이 읽고, 눈이 보고, 마음이 다가오는 것이 있다.

쓰기를 시작하다

걷기에는 익숙해졌지만, 글쓰기는 여전히 낯설었다. 걸으면서 사진을 찍었지만, 그것을 어떻게 엮어 이야기를 만들지는 몰랐다. 다행히 블로그는 일기장이었고, 10년쯤 지나자 전문가가 되었다. 여행자 흉내를 내며 찍은 사진과 글을 블로그에 올리기 시작했다.

그러나 사진은 초보였다. 지금 돌아보면, 가장 아쉬운 것이 바로 그 시절 사진이다. 글로는 길 위의 기억을 더듬을 수 있지만, 사진은 그 순간을 담는 또 다른 언어였기에 더욱 그렇다. 언젠가 이 '길 따라' 여정에 다시 숨을 불어넣을 날이 올 것이다. 그렇지 않다면, 지금, 이 기록은 사진이 다소 부족한 구성으로 남게 될 것이다.

여행 작가가 되는 조건은 매월 한 편 이상, 여섯 달 동안 계속 글을 올려야 한다. 공교롭게도 그해는 2024년, 갑진년, '용'의 해였다. 구룡포의 용두사미, 태안 용난굴의 핏자국 바위, 해남의 짜우락샘, 고흥의 용 꼬리 등 여섯 편의 '용 이야기'를 올리기 시작했다.

그렇게 6달, 달마다 한 편 이상씩 오마이 뉴스에 내 글을 올렸고, 지금은 브레이크 뉴스에도 올리고 있다. 두 신문에 작가가 직접 올리고, 그림을 편집하는 기능이 있어서 좋다.

1부
길 따라

'길 따라'는 길 위의 풍경을 따라가며, 그 주변에서 보고 듣고 느낀 이야기를 적어 내려간 여정이다. 처음에는 집 주변 골목길을 걷는 것으로 시작했다. 한강을 따라 걷는 일로 이어지면서 점이 선이 되고, 선은 이어지면서, 여정이 되어 나갔다.

한강을 따라 인천에서 여주까지 걸은 후에는, 수도권 둘레길, 경기도 둘레길과 옛길, 코리아 둘레길로 선을 넓혀갔다. 이 시기는 대부분 2024년 전반기 이전 일이다. 사진은 촬영 기술이 미숙해 단순한 기록 수준에 머물렀고, 글 또한 주로 먼저 걸은 이가 뒤따르는 사람에게 길을 안내하거나 소개하는 성격이었다.

그래도 걷는 족족 블로그에 기록을 남기며, '이병록의 신 대동여지도' 방에는 이야기가 점점 쌓여갔다.

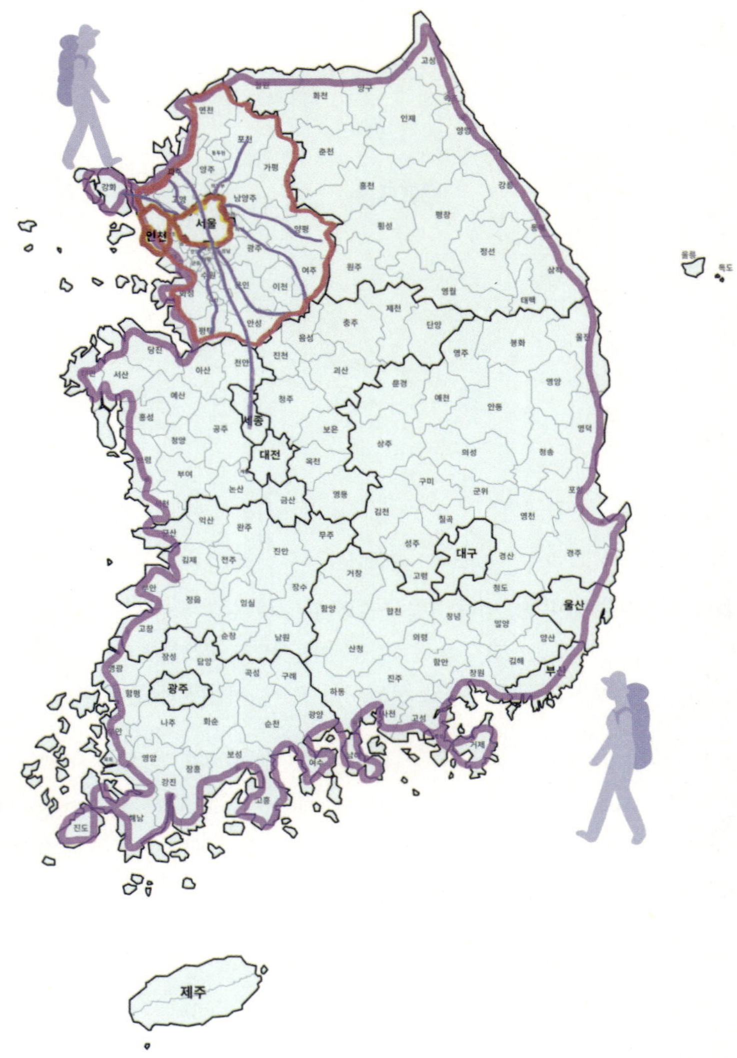

1부. 길따라

길을 나서다

내가 길을 걷기 시작한 이유는 간디의 소금길 같은 원대한 목표를 가지고 시작한 것은 아니다. 매년 ○○○ 의원실에서 접경지역과 민통선 등을 걷는 행사를 주관했다. 그런데 2020년에는 코로나19로 인하여 참여 인원을 줄이면서, 몇 의원실에서 같이 주관을 하면서도 신청자 합계를 미리 하지 않았다.

행사 참가를 신청하고 걷는 신발(트레킹화)을 내 수준으로는 큰돈을 들여서 샀다. 바로 전날 오전에 사무실에 들러서 참가자 나이 등 체력 상태까지 확인했다. 그런데 오후에 선발되지 않았다는 연락이 왔다. 크게 실망해서 페이스북에 '앞으로 10년을 신을 신발을 샀다'라고 올렸다.

걷는 장비를 갖추고 나니 "망치를 가진 사람 눈에는 못만 보인다"라는 속담처럼, 걷는 행사가 눈에 띄기 시작했다. 인터넷에 '깨어있는 시민들의 국토대장정'에서 주관하는 행사가 눈에 띈다. 세종에서 임진각까지 11일 동안 전 구간을 걸었다. 다음에는 '발휘재'에서 평화누리길을 걷는 내용이 눈에 들어온다. 세 번째 길부터 참가하여 걷고, 나머지 한 길은

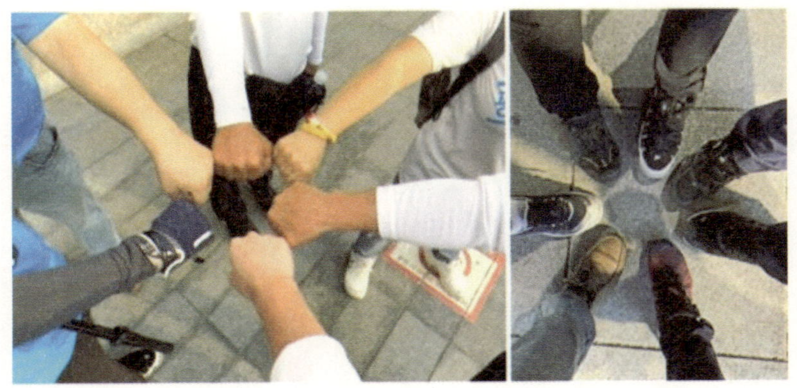

'통일의병'과, 한 길은 아내와 함께 걸었다.

'발휘재'와 '깨어있는 시민들의 국토대장정'에서 만난 몇 사람과 걷기 모임을 만들었다. 평화누리길을 코로나 때문에 연기하자는 의견이 있었으나, 해를 넘기지 말자고 얘기하여 2020년 12월 31일 마지막 구간인 평화누리길 12구간을 걸었다. 2021년에는 강원도 평화누리길을 서쪽에서 동쪽으로 시작하면서 '평화로 가는 길'이란 이름을 붙였다.

6월에는 통일부에서 주관하는 'DMZ 평화의 길, 통일 걷기' 행사에 참여했다. 통일부 행사는 국방부와 협조해서 군 통제 때문에 개인적으로는 가기 힘든 곳을 걸을 수 있다. 병사들이 밤새워 지키는 철책선을 따라서 걷는 소회는 남다르다. 이렇게 동쪽에서 서쪽으로 걷는 길 이름은 '평화가 오는 길'로 붙였다.

이렇게 접경지역을 동서로 두 번 횡단하면서 한반도 현실을 몸으로 체험했다. 한반도 시계는 1953년 7월에 멈춰있다. 전망대에 오르기 전에 유엔사에서 취소를 시켰다. 우리 주권이 우리 영토에 미치지 못하는 지역이 있다는 현실을 직접 체험했다. 10년을 신을 줄 알았던 신발 밑창을 벌써 두 번이나 갈았다.

내가 이름 지은 '평화가 오는 길'과 '평화로 가는 길'을 다 걷고, 해파랑, 남파랑, 서해랑길도 다 걸었다. 다음은 여건이 된다면, 지리산 둘레길을 따라 주변 마을을 돌아보고 싶다. 이제까지 선을 따라서 걸었다면, 앞으로는 조상 대대로 땅을 터전으로 사는 마을을 따라, 면을 중심으로 방방곡곡으로 넓힐 것이다. 길 이름은 '길 따라 마을 따라 평화의 길'이나, '길 따라 마을 따라 방방곡곡'이다.

보부상, 금부도사와 박문수 어사, 고산자 김정호, 김삿갓 등이 걸었던 산천이 있다. 조상들이 남부여대하고 오일장을 보러 다녔던 마을과 길이 있다. 이순신 장군이 백의종군을 마치고 다시 부임했던 행군로가 있다. 긴급한 소식을 알리는 파발마, 동학군이 사발통문을 돌리던 통신로가 있다. 걷다 보면 이런 길을 만날 것이다. 수운 최제우 선생님은 방방곡곡행행진方方谷谷行行盡 수수산산개개지水水山山箇箇知라고 표현하셨다. 방방곡곡 다니면 모르는 산천이 없는 것이다.

사람들이 왜 걷냐고 물어보면 차가 없어서 걷는다고 실없는 농담으로 답한다. 해파랑길부터는 너무 길어서 엄두가 안 났는데, 길을 나선 순간 도의 절반을 이룬다는 말처럼 벌써 끝났다.

고흥에 사는 마을활동가분이 초청해 주서서 고흥을 다녀왔다. 고흥길이 내가 생각했던 바로 그 길이다. 마을을 잇고, 마을 사람들을 연결하며, 시민단체와 걷는 방식이다.

길이 있으면 다른 사람이 걸어간 길을 따라가면 된다. 길이 없으면 만들면서 가면 된다. 독일과 프랑스, 북아일랜드도 평화의 길을 가고 있다. 간디의 소금 길이 인도 역사를 바꿨다. 나도 작은 날개 짓을 시작한다. 언젠가는 태풍이 될 것이라는 간절함으로 '길 따라 마을 따라 평화의 길' 걷기는 계속된다.

건강도 챙기고, 국토 지리를 온몸으로 체험하면서 국토 사랑을 키운다. 마을 따라 펴은 길을 따라서 들른 시군 단위고, 방방곡곡은 마을 곳곳을 다닌 소감문이다. 쓴 글을 모아서 책을 낸다면 제목은 '길 따라 마을 따라 방방곡곡'이나, '이병록의 신 대동여지도'이다.

길 위에서 만난 평화와 통일
- 깨어있는 시민들의 국토대장정(세종에서 임진각까지)

손에 망치를 든 사람 눈에는 못만 보인다는 속담처럼 사회관계망서비스에서 '깨어있는 시민들의 국토대장정(깨시국) 소식이 보였다. 걷기 장비는 다 갖추었으니 걷는 일만 남은 상태였다. 전체 11개 구간 중 절반, 경치가 좋다는 금정까지 6길만 걷기로 마음먹었다. 10년은 신을 줄 알았던 신발을 써먹을 날이 온 것이다.

그런데 2020년 9월 24일 출발을 앞두고 약간의 걸림이 있다. 내가 공동대표로 있는 시민 단체 모임이 다행히도 24일에서 23일로 변경되었다. 당 상무위는 서면으로 대체됐다. 출발 부담이 사라지니 마음이 홀가분하다.

사관학교 다닐 때 한창나이와 체력에도 4박 5일 행군이 가볍지 않았다. 마음은 홀가분하지만, 체력을 걱정하며 출발 지점인 세종시로 출발했다.

첫날, 세종시에 모였는데, 개성공단 이사장 김진향 박사가 현장에 와

응원을 해주었고, 참가자도 제법 많았다. 주최자인 민서희 작가는 이름만 보고 여성일 줄 알았는데, 의외로 남성이었고 먼저 인사까지 건넸다. 예전 독서 모임에서 스쳤던 인연이지만, 오랜만에 만나서 기억하지 못했다.

접수를 맡은 울산의 강혜경 씨는 통일의병 활동을 함께했던 분이라 더 반가웠다. 그렇게 오후 1시 반부터 조치원역까지 약 13km를 걸었다. 몸보다는 마음이 먼저 걷기 시작한 날이었다.

이 걷기 행사는 오랜 전통을 가지고 있다. 매년 서울에서 출발해 5월 23일 노무현 대통령의 기일에 봉하마을에 도착하는 노무현 순례길을 운영한다. 노 전 대통령을 기리는 이강옥 씨의 헌신으로 시작했고, 해마다 이어지면서 나름대로 규정과 체계를 갖추게 되었다.

걷는 길은 하루 참가자의 교통 편의를 위해 '역에서 역까지'로 구성하고, 구간마다 대장과 조장이 있다. 처음 참가한 나는 큰 배낭을 메고 갔는데, 다른 사람들은 하루만 참여하므로 짐이 간편했다. 중장거리 행군이라기보다, 생활 속 실천이자 기억의 행진에 가까웠다.

전체 구간은 세종-조치원역-전의역-두정역-지제역-병점역-금정역-국회의사당-광화문-행신역-금촌역-임진각까지다. 중간에 있는 역도 가능한 들러서 기념사진을 찍는다. 병점역부터는 집에서 자면서 걸었다.

길 위에서 만난 사람들

내가 참가한다는 소식을 듣고, 대전의 이훈 정의당 위원장, 나병승 킹칸 본부장, 홍성미 평화연대 위원장 등 여러 지인이 하루씩 합류했다. 쉬는 시간에 킹칸 놀이하면서 모두 즐거워했다. 여섯째 날에는 장세민

씨가 "지나가다 걷는 모습 봤다"라는 문자를 보내왔다. 누군가 지켜보고 있다는 느낌이 들어 힘이 났다.

넷째 날에 합류한 아내는 다음 날 바로 발에 물집이 생겨 걷는 신발을 샀다. 광화문 구간에선 세월호 희생자 가족들도 함께 걸으면서 유튜브 방송 인터뷰도 했다.

도시 구간은 함께 걷는 사람이 많았지만, 시골 구간은 우리 가족을 빼면 한두 명이 전부인 날도 있었다. 그래도 길은 이어졌고, 걸음은 멈추지 않았다. 깃발을 들고 걷는 아내의 모습은 군대의 기수 같았다.

걷고, 견디고, 함께한 시간

신발이 좋아도 발꿈치는 아프고 물집도 생겼다. 허리가 아파오자, 자세를 바르게 하여 걸었다. 배낭은 지원 차량에 맡기고 가볍게 걷기로 했다. 민 작가의 동의도 얻었고, 시작한 김에 끝까지 함께 가기로 마음을 굳혔다.

여의도 근처는 내가 잘 아는 길이라 신길역을 지나서 강을 따라 걷는 길로 변경했다. 이 단체는 길을 개척한 사람의 이름을 붙이는 전통이 있다. 그 길엔 '제독의 길'이라는 이름이 붙었다. 지금도 그렇게 불리는지는 모르지만, 내 마음속엔 그렇게 남아 있다.

나와 함께 전 구간을 완주한 분도 한 분 있다. 노모를 챙겨드리고 천안에서 매일 대중교통을 이용해서 참가했고, 마지막 날엔 본인이 직접 버스를 몰고 와서 참가자들의 귀가를 도왔다. 용산역 부근 뒤풀이에서 막걸리 한 잔 함께하지 못한 것이 못내 아쉬웠다.

걷는 정치, 사람을 향한 길

11일 동안의 걷기는 육체적으로는 힘들었지만, 마음은 벅찼다. 그런데 도착한 순간, 이게 끝이라는 사실이 왠지 슬펐다. 그 너머 북녘땅인 개성은 가까운데, 현실에선 너무 멀다. 걷는 걸 멈춰야 한다는 사실이 가슴을 아리게 했다.

통일은 시간이 걸릴 수 있지만, 오가는 건 정치 문제가 아니라 사람 사는 일이다. 여권도 비자도 없이, 자연스럽게 왕래할 수 있어야 한다. 그런데 지금은 그 길을 넘으려면 목숨을 걸어야 한다. 이걸 해결하는 것이 정치의 역할이다. 중국과 타이완은 하는데, 우리가 못하는 것은 정치의 수준이 딱 분단과 대결의 수준이라서 그럴까?

국회가 남북 관계 개선을 비준하고, 정부가 책임 있게 추진한다면, 우리는 총성이 아닌 발걸음으로 개성을 지나 평양까지 갈 수 있을 것이다. 그러나 지금의 정치는 오히려 문제를 더 꼬이게 만든다. 개인의 죽음조차 정치화되고, 길은 더 멀어진다.

그래서 우리는 정치인을 잘 뽑아야 한다. 내가 걸었던 이 길처럼, 우리 정치도 조금은 더 사람을 위한 정치를 했으면 한다. 나는 그 길 위에서 만난 사람들과 나의 발걸음을 오래 기억하고 싶다.

역에서 역으로 걷다

임진각

평화로 가는 길
– 철책 옆에서 평화를 걷다(평화누리길 1길~4길)

평화누리길 첫걸음

걷기에 관심을 쏟기 시작한 어느 날, 페이스북에서 '발휘재'가 주관하는 평화누리길 2길을 걸었다는 내용을 보게 되었다. '같이 걸어도 되겠습니까?'라는 댓글을 달자, 반가운 환영 인사가 돌아왔다.

그렇게 첫발을 내디딘 것은 2020년 8월 2일, 평화누리길 3길이었다. 고성에서 파주까지 이어지는 11일간의 '통일 걷기'에 선발되지 못한 터라, '꿩 대신 닭'이라며 스스로를 달랬다. 하루에 한 구간씩, 한 달에 두 번 진행되는 이 일정은 매우 의미 있었다.

평화누리길 3길-한강철책길

당일은 비가 내리는 날이었다. 참가자는 발휘재 사무총장 강경국 씨를 포함한 네 명이다. 한 여성 참가자를 보고는 '나보다 체력이 약할지

도 모른다'라는 기대를 품었다. 그런데 간식을 전하고 "비가 많이 온다고 가족들이 걱정하네요."라며 가버렸다. 또 다른 여성 참가자는 육상선수 출신이었다. 결국 그날 가장 체력이 약한 사람은 나였다.

3길은 애기봉 입구에서 전류리 포구까지 약 17km 거리다. 우리는 이 구간을 역방향으로 걷기로 했다. 철조망을 오른쪽에 두고 걷는 것이 맞지만, 왼쪽에 두고 걸으면서도 일행이 길을 잘 아는 사람이라고 여겨 의

심 없이 따랐다. 사실은 모두가 처음 걷는 길이었다.

이오 농원에 이르러 길을 물으니, 우리가 3길 역방향이 아니라 4길을 걷고 있었다. 수박으로 갈증을 달래고 있는데, 하늘이 뚫린 듯 폭우가 쏟아졌다. 마음씨 좋은 농원 주인은 폭우를 뚫고 우리가 출발했던 지점까지 직접 차로 데려다주었다. 비가 잠시 그치자 우리는 다시 길을 나섰다.

걸으며 문득 드는 생각은 하나였다. 이 철조망이 정말 필요한가? 새들은 자유롭게 넘나들고, 줄기 풀마저 철조망을 따라 자란다. 오히려 주민들만 통행에 불편을 겪고 있다. 넘어가려는 사람은 절단기를 들고 간단히 자르고 지나가면 된다.

실제로 2020년 7월 19일, 이 일대 작전구역을 담당하던 해병대 2사단에서 탈북자 출신의 월북 사건이 발생했다. 당시 나는 어느 정당의 상무위원이었다. 당에서는 국방부를 비판하는 성명을 내자고 제안했지만, 나는 반대했다. 주민 불편을 해소해야 할 우리 당이 국방부에 철책과 통제 강화를 요구하는 셈이기 때문이다. 말과 행동이 일치해야 한다는 신념으로, 끝내 비난 성명 발표를 하지 않았다.

평화누리길 4길-행주나루길

8월 22일에는 평화누리길 4길을 걸었다. 발휘재에서는 20여 명이 신청했지만, 코로나19로 인해 참가인원을 대폭 줄여서 네 명만 참석했다. 그중 한 명은 행사가 취소된 줄 모르고 도착한 경우였다. 시간 되면 함께 했던 '아름다운 동행'에서 내 글을 보고 4명이 참가했다. 이들은 양주, 소주, 맥주, 막걸리까지 잔뜩 준비해 왔다. 일산 입구 다리 위에 돗자리를 펴고 술에 젖었는데, 마무리할 무렵 폭우가 쏟아져 온몸이 비에 취했다.

평화누리길 1길-염하강 철책길

3길부터 시작해, 11월 7일에 9길까지 걸었는데, 빠진 1, 2길이 늘 마음에 걸렸다. 11월 8일에 서울 서부 통일의병 27명과 함께 1길을 걸었다. 전 구간을 걷는 사람과 일부 구간만 걷는 사람으로 나뉘어 진행했고, 중간 지점에서 합류했다.

그날 저녁은 걷기를 마치고 대명항 입구 횟집에서 먹기로 했다. 따라온 손녀는 "왜 그렇게 오래 걸어 저녁을 먹으러 가느냐?"라며 이해하지 못했다. "정말 이상한 사람들이야!"라며 입이 튀어나왔지만, 주변에서 '잘 걷는다'라고 칭찬을 하자, 신이 나서 선두에서 걷기도 했다.

평화누리길 2길-조강철책길

2020년 12월, 연말이 다가오자, "연내에 평화누리길 12길을 마무리하

자"라고 주장했다. 그러나 정작 나는 2길을 빠뜨린 상태였다. 12월 29일, 그 공백을 메우기 위해 길을 나섰다. 하지만 문수산성 오르는 길에서 오른쪽으로 빠지는 길이 있다는 것을 알지 못한 채, 정상까지 올랐다. 해는 지고, 숙소도 없어 조강리를 3.5km 남긴 채 후일을 기약하고 되돌아섰다.

그리고 약 2년이 흐른 2022년 10월 20일, 경기둘레길을 따라 애기봉까지 평화누리길 2길을 이었다. 오래된 동네를 나타내는 당산나무를 많이 봤지만, 표지판을 이렇게 정성으로 쓴 것은 처음 본다.

애기봉은 과거에 봤던 낡고 열악했던 모습은 사라지고, 완전히 새로운 관광지로 탈바꿈해 있었다. 김포시와 군부대 간 출입 협조도 원활하

문수산성

게 이루어지고 있었다. 사전 신청 없이 도착했지만, 출장 나온 김포시 공무원이 현장에서 즉시 조처해 주었다. 당시에는 그 고마움을 미처 몰랐다.

할아버지와 할머니 나무

하지만 2025년 4월, 강원도 민통선 마을을 찾으며, 사전 신고했음에도 불구하고 육군 부대의 까다로운 절차를 겪고 나니, 출입절차 간소화를 위한 김포시와 해병2사단의 노력이 새삼 귀하게 느껴졌다.

애기봉에서 보는 북녘 산하

덧붙이는 글: 걷기 초보인 나와 함께했던 사람들은 '발휘재'의 강경국, 마상문, 박상희, 안선미 씨 등이고, '깨시국'의 류경도, 이성진, 김오균, 정년옥, 김영민, 김용춘 씨 등이다. 그리고 교류하던 유금옥, 신슬기, 원불교 여의도 교당 지인들이 일부 구간 참가했다.

철원, 쇠로 울던 땅
- 강원 평화누리길 1~4길

쇠가 많던 땅

2021년 1월 9일, 한겨울, 나는 철원을 지나는 강원 평화누리길 1~4길 시작점에 섰던 날을 잊을 수 없다. 쇠둘레의 땅, 분단의 땅, 평화의 상징이 된 그곳을 직접 발로 디디기 시작했기 때문이다. 특히 그날은 영하 22도, 내 평생 가장 추운 날에 걷는다.

추위에 완전 무장한 필자와 강경국 씨

철원의 '철(鐵)'은 말 그대로 쇠다. '쇠둘레'라는 우리말 이름이 한자화되어 지금의 철원이 되었다. '쇠가 많이 나는 고장'이라는 뜻에는 단순한 자원 정보 이상의 의미가 스며 있다. 철은 석기와 청동기를 끝내고 철기 문명을 연 물질이다. 찌르고 자를 수 있는 철기 무기는 당시에는 최첨단 무기였다. 그래서일까. 고구려는 이곳을 '철원(鐵圓)'이라 불렀고, 고려 고종 41년(1254)에는 철원현(鐵原縣)으로 명명되었다.

이곳은 궁예의 나라 태봉국의 도읍이었다. 해양이 아닌 내륙에 있는 철원이 나라의 중심이 될 수 있었지만, 고려 왕건의 해양 세력이 주도권을 잡으면서 철원의 운명은 비켜섰다.

전설에 따르면, 왕건에게 패한 궁예가 철원을 떠나며 통곡했다. 그 눈물의 흔적이 명성산, 곧 '울음산'이라 불리는 산에 남아 있다. 궁예의 그 처절한 통곡이, 어쩌면 이 지역이 지닌 운명의 예고였는지도 모른다. 자원은 많았고 지리도 좋았지만, 중심에서 밀려난 곳, 분단 이후에도 남북 경계에서 운명을 겪어야 했던 땅, 그곳이 철원이다.

철마는 멈췄고, 두루미는 머물렀다

해방 이후 철원은 북쪽 땅이 되었다. 하지만 6·25전쟁 중 일부 지역이 수복되면서 지금은 남쪽 철원과 북쪽 철원으로 나뉘어 있다. 철원은 분단과 전쟁의 상처가 깊이 새겨진 지역이다. 백마고지 전투, 노동당사, 월정리역, 제2땅굴… 이름만 들어도 남북 대결과 전장의 냄새가 떠오른다.

월정리역에는 지금도 멈춰 선 열차 한 량이 있다. 녹슨 철마, 출발을 멈춘 지 오래된 그 열차는 마치 "기다린다"라는 자세로 평화를 향해 침묵하고 있었다. 철마와 두루미, 전혀 어울릴 것 같지 않은 두 존재가 이 땅에서 나란히 '머물고' 있는 것이다.

철원은 두루미의 땅이기도 하다. 겨울이 되면, 수천 마리의 두루미가 이 땅에 날아든다. 물과 논, 하늘이 이어진 철원의 평야는 그들에게 안식처다. 두루미는 보통 4마리가 한 가족이다. 처음에 4인(人)1조(組)라고 부르다가 4조(鳥)1조(組)로 바꿔 부르니 모두 웃는다.

가끔 3마리만 보이는 경우는 '결손 가족'일 가능성이 높다. 나는 그 모습이 어쩐지 이 땅과 닮았다고 느꼈다. 전쟁으로 가족이 흩어지고, 남과

북으로 나뉜 채 살아가는 현실, 철원에서 마주한 두루미는 그 자체로 분단의 초상처럼 느껴졌다.

여름에는 논물과 하늘이 반사되어 빛나는 소이산이 있다. 노동당사를 몇 번 갔고, 소이산 둘레길을 걸었지만 낮은 봉우리에는 관심이 없었

다. 그런데 소이산에서 북녘 들판이 보이며, 초여름 모내기할 때의 찰랑 거리는 물과 하늘의 반사, 가을 추수기 때 흔들거리는 황금빛 들판이 감 동적이라는 사실을 뒤늦게 알았다.

2021년 10월 3일에 찾았을 땐 이미 추수가 거의 끝난 뒤였다. 아쉬운 마음으로 즉흥 시조를 한 수 지었다.

소이산 봄가을 북녘 벌판 소문 듣고
서둘러 차림 챙겨 소이산을 찾았지만
아뿔사! 반철 늦어 황금풍경 놓쳤구나.

왼쪽 사진은 10월 3일, 오른쪽 사진은 9월 13일 모습이다

2023년 9월 13일에 다시 찾아서 2년 전 아쉬움을 달랬다. 그날 소이 산에서 본 들녘은 오랜 기다림에 대한 보상이었다.

강원 평화누리길, 점에서 선으로

오랫동안 철원은 점(點)의 공간이었다. 특정 안보와 문화유적지를 중심으로 찍고 지나가는 관광이 대부분이었다. 그러나 평화 누리길이 생기면서 철원은 선(線)의 공간으로 확장되었다. 걷는다는 행위는 연결을 의미한다. 나는 더 이상 '보러 가는' 사람이 아니라, '함께 걷는' 사람이 되었다.

1길 '금강산 가는 길'은 내게 처음 열린 철원의 선이었다. 역고드름, 백마고지역, 노동당사, 대위리 검문소를 지나는 길을 네 사람이 걸었다. 경기도 마지막 평화 누리길은 28km인데, 이 길은 14km다. 경기도 연천군과 강원도 철원군 행정 경계선을 따라 38선 나누듯이 길을 나누었기 때문이다. 대중교통 편의성을 고려하여 경기 12길을 신탄리역에서 끝내면 24km가 되고, 강원 1길은 18km가 된다. 그 길을 '경기-강원 이음길'로 이름 지으면 되겠다.

역고드름을 생각하면 겨울에 가면 좋다. 소이산 정상을 거쳐서 북쪽 황금벌판을 보는 가을도 좋다. 소이산 전망대를 거쳐서 가면 강원 1길은 '금강산 가는 길'이 된다. 이 길이 금강산 가는 철길을 따라서 이름을 지었다고 하지만, 걷는 중에 이 이름을 느끼는 곳은 철다리 하나밖에 없다.

노동당사를 지난 뒤로는 길 표지판이 안 보이다가, 처음으로 도피안사 길 표지판이 나온다. 길을 잘 모르는 사람은 도피안사로 빠지게 표시되어 있다. 지도를 보고 길을 준비한 류경도 씨가 큰길로 가야 한다고 얘기한다. 큰길을 조금 더 걸으니 또 도피안사 표지가 나온다. 도피안사는 1.7km 남았고 찻길이다.

여름에 해가 길 때는 도피안사를 거쳐서 걷는 방법을 추천한다. 3km

3길 철원화강길과 4길 누에길

쯤 거리가 추가된다. 도피안사에는 국보 63호인 철 부처가 모셔져 있는 것이, 철원이라는 땅과 잘 어울린다. 그러면 이 길은 '금강산-피안길'이 된다.

2길 '두루미 머무는 길'은 그 이름처럼 생태와 분단이 교차하는 길이다. 하지만 돼지열병, 군사 작전, 홍수 등으로 길이 끊겨버렸다. 시간이 남아서 간 한탄강 고석정에 반하여 2박 3일을 머물렀다. 그 인연은 이후 손주와 함께한 여름 물놀이로 이어졌다. 2024년 여름에는 손주는 아내와 두 번째 물놀이를 하고, 나는 새롭게 조성된 '주상절리길'도 걸었다. 붉은 절벽이 빚어낸 수직의 풍경은 철원의 또 다른 얼굴이다.

순담계곡에서 자원봉사 활동하시는 분께 물었더니, 가볼 만한 곳으로 소이산과 삼부연 폭포를 추천한다. 철원 출신 동기에게 전화했더니 삼부연 폭포를 추천한다. 본래 예정이었던 삼원사는 다음으로 미룬다. 소이산과 폭포 중에서 소이산은 앞에서 설명한 대로 가을에 가기로 하고, 삼부연 폭포에서 철원 일정을 마쳤다.

2022년 2월, 3길 철원화강길(20.6km)과 4길 누에길(11km)을 걸으며

철원 구간을 완주했다. 백기완 선생님이 '터널'을 우리말로 바꾼 '맞뚜레'
는 특히 인상적이었다. 하오 맞뚜레는 복주산을 관통하며, 철원의 숨겨
진 내력을 품고 있다. 다만 이 길은 군 행정 단위 기준으로 '책상에서 자
른 길'이다.

38선이 남북을 자르듯, 평화누리길은 시군 행정편의에 따라 만든 길
이다. 자연과 사람, 역사의 흐름이 반영된 것이 아니라, 행정 경계에 따
른 또 다른 38선이다. 길은 사람이 만든 길보다, 자연과 역사가 만든 흐
름을 따를 때 더 빛난다. 부연하면, 국경선이 직선으로 된 나라는 모두
강대국이 일방적으로 만든 선이다.

다시 철원으로

2021년 6월, 통일부가 주관한 '통일 걷기 21' 행사에 참여해 철원을
다시 찾았다. 민통선 안 평화마을에서 빗소리를 들으며 텐트에서 하룻
밤을 보내고, 미처 걷지 못했던 2길의 검문소~도창 검문소 구간을 걸었
다. 월정리역에서 이어지는 직선 길은 끝이 보이지 않을 만큼 길었다.
그 직선 길을 걸으며 문득 깨달았다. 길이든 사람의 삶이든, 조금 구불
구불한 것이 더 따뜻하고 좋다고.

같은 해 10월, 접경지역 순례 강사로 다시 철원을 방문했다. 한 해 동
안 열흘 넘게 철원을 걸으며, 나는 평생보다 더 많이 이 땅을 체험했다.
철원은 그렇게 내게 다가왔다. 전쟁의 상흔을 안고 있으면서도, 자연의
숨결을 간직하고, 평화를 향한 발걸음을 이끄는 땅.

철원은 단지 안보 관광지가 아니다. 철원은 걸음으로써 새롭게 만나는 공간이다. 쇠의 땅이었던 철원은 이제 평화의 땅으로 거듭나고 있다. 철원의 평야를 걷고, 주상절리 절벽을 따라가며, 두루미가 날아드는 그 하늘 아래에서 기억하고, 걸으며, 잊지 않는 것. 그것이 철원을 대하는 자세다.

덧붙이는 이야기, 식당 '아름다운 동행'

시골길에서 식당 보기가 힘들다. 겨우 찾은 이 식당은 전원형으로 잘 꾸며져 있다. 국수를 주문했더니 어머니가 안 계셔서 못 판다고 한다. 주인 아들이 돈가스 경력이 20년이라고 하면서, 돈가스를 먹겠냐고 물어본다. 걸을 때는 무슨 음식인지 따지지 않고 먹어야 한다. 다행히 맛도 있고, 담근 술에 커피까지 얻어마시고는 마치 친구와 헤어지듯 아쉬운 마음으로 식당에서 나왔다.

평화를 걷다, 통일을 꿈꾸다

2021년 6월, 한반도 분단선을 따라 13일간 걷는 통일부 주관 통일 걷기 행사가 시작되었다. 이 길은 단순한 걸음이 아니었다. 분단의 상처를 몸으로 체험하며, 평화를 향한 발걸음을 내딛는 시간이기도 했다. 강행군과 천막 생활, 군부대의 통제와 소소한 불편 속에서도, 길 위에서 만난 수많은 풍경과 사람들은 내 마음을 깊이 흔들었다.

나는 이 길 위에서 나라의 현실을 다시 보았고, 더 나은 미래를 꿈꾸게 되었다. 동쪽에서 서쪽으로 이어지는 이 길에 나는 '평화가 오는 길'이라는 이름을 붙였다. 이는 개인적으로 서쪽에서 동쪽으로 걸었던 '평화로 가는 길'과 연결되는 의미다.

1일 차 - 고성통일전망대에서 시작하는 평화의 여정

버스를 타고 도착한 고성통일전망대에서 발대식을 가졌다. 8년 전,

전역을 앞두고 방문했던 곳이라 낯설지 않았다. 청년들이 손을 들지 않고 서툰 선서를 하는 모습이 묘하게 정겹게 느껴졌다. 제진역, 배봉리, 화곡리를 지나 송정 자동차 캠프장까지 20km를 걸었다. 이슬비가 간간이 내려서 무거운 발걸음을 조금은 가볍게 만들어주었다.

평상시 걷기 힘든 길인 고성통일전망대

텐트는 1인 1개씩인데, 침대 가운데가 불뚝 솟아서 불편했다. 어떤 여자분이 안내실에 불편함을 토로하니, 바람을 빼면 된단다. 대신 마분지 두 장을 깔아 차가움을 막고, 푹신함을 보완하여 끝까지 함께했다.

2일 차 - 건봉사와 가마골 길, 구름과 비의 동행

새벽, 텐트 옆에서 들리는 코 고는 소리와 빗소리에 잠에서 일찍 깼다. 정자에 앉아 커피를 마시며 닭 우는 소리를 듣자, 마음이 맑아졌다. 오늘은 송정 캠프장에서 건봉사를 지나 가마골, 소똥령까지 17.2km를 걸었다. 어제처럼 구름과 이슬비가 길동무가 되어주었다. 생애 처음으로 건봉사를 방문한 귀한 경험이다.

건봉사

3일 차 – 진부령을 넘다, 낮의 동행과 밤의 이별 사이에서

조 편성 문제로 아내와 따로 걷게 된 아쉬움이 있었지만, 참가자의 사정이 얽힌 상황이었다. 아침에 일어나서 보니 아내 천막이 길 앞 맞은편에 있었다. 소똥령을 출발해 백두대간 등산로와 진부령미술관을 지나 DMZ 평화생명동산까지 24km를 걸었다. 이곳은 평화누리길에서 유일한 여행자 쉼터다. 실내 숙소에서 모처럼 피로를 풀 수 있었다. 금상첨화로 여기서 합류한 참가자가 소주를 가지고 와서, 몰래 술 마시는 긴장감까지 누릴 수 있었다.

4일 차 – 인제에서 양구까지, 쉼터의 필요를 느낀다

평화빌리지에서 출발해 도솔산, 펀치볼을 지나 청춘 양구 체험 캠프장까지 29km다. 인제 평화생명동산처럼, 양구를 포함한 다른 지역에 편의 시설을 먼저 짓고, 산티아고 길 등과 견줄 수 있는 길을 만들어보자.

양구

5일 차 - 두타연을 거쳐 오미리 마을까지

이번 여정 중 가장 길고 힘든 구간 중 하나였다. 31.2km를 걸으며 민

두타연

통선 내 두타연과 이목정을 지났다. 주말이면 참가하는 이인영 통일부
장관이 함께 걸으며 현장의 분위기를 공유했다. 발에 물집이 나지 않은
것이 다행이었다. 오미리 마을은 밤하늘의 별이 빛나고 개구리가 많이
운다. 블로그 정리를 마치니 벌써 자정이 넘었다. 개구리 울음소리를 들
으며 잠에 빠진다.

6일 차 - 평화의 댐과 안동철교

어젯밤은 가장 추웠다. 불편한 숙소 환경에도 새벽이면 눈을 뜨게 된
다. 평화의 댐까지 원래 16.6km였으나 안동철교까지 구간이 연장되었
다. 군 통제로 과거에 걸을 수 없던 길을 이번에 체험했다. 두 번째 실내
숙소 토구미 마을 폐교에서 피로를 풀었다.

아침 천막 모습, 안동철교

용양보 가마우지 떼

7일 차 – 승리전망대 앞에서 멈춘 걸음

토고미자연학교에서 쉬리 캠프장까지 25km를 걸었다. 승리전망대 입구에 도착했는데, 유엔군사령부의 출입 허가 취소로 주권 없는 우리의 현실을 직접 체험했다. 집중호우 속에서 흠뻑 젖었는데, 씻고 나니 해가 났다. 여름의 뜨거운 햇살도 때에 따라 고마운 법이다. 괜히 절반만 신청한 아내는 아쉬움을 가득 담고 떠났다.

8일 차 – 금강산 철교를 지나 철원 평화 마을로

민통선 안쪽 철원 평화 마을에서 묵는 색다른 경험이었다. 강원 평화 누리길 때 걷지 못하고 돌아섰던 도창 검문소에서 이길 검문소의 미완성 구간을 걸으며 감회가 깊었다. 저녁에는 비를 맞으며 밥을 먹었다.

9일 차 – 고대산을 향해, 포장된 평원의 고통

월정리역에서 민통선 지역은 아마도 우리나라에서 가장 긴 직선 포장도로일 것이다. 전체23.6km의 걸어도 걸어도 끝이 없는 직선 길을 걸었다. 무더위와 지루함이 모두를 힘들게 했고, 준비팀도 사전답사를 통해 이 구간이 힘들다는 것을 알고 있었다.

10일 차 – 남방한계선 철책을 따라

고대산에서 출발해 백마고지, 화살머리고지를 거쳐 두루미 마을까지 24.2km. 남방한계선 철조망을 따라 걷는 첫 경험이었다. 강원도를 벗어나 경기도 연천으로 접어든다. 철도망과 분단 상태에 마음은 무거웠지만 육체의 고통이 그것을 덮었다.

백마고지, 열쇠전망대

11일 차 – 가장 기억에 남는 연강 나룻길

그린빌리지에서 숭의전지 앞까지 22km. 연강 나룻길의 아기자기한 산길과 개망초 꽃이 인상 깊었다. 울릉도 근무할 때 야생화 군락지라는 팻말을 붙이고, 제초 작업을 못하게 했던 기억이 떠오른다. 오늘은 가장 많은 사진을 찍었다. 드디어 발에 물집이 생긴다.

12일 차 – 호로고루에서 전진교까지

새벽부터 비가 내려서 밥차에서 아침을 먹지 않고, 동네 식당에서 먹

었다. 마실 나온 할머니가 자기 동네를 방문해서 고맙다고 하신다. 걷기 좋은 날씨로 바뀌었다. 김신조 일당이 침투했던 1.21 침투로와 승전 OP의 남북 경계선 깊숙이 들어갔다. 정훈 장교의 물샐 틈 없는 철조망이라는 자신감 넘치는 설명에, 과장할 필요가 없다고 말해줬다.

13일 차 - 임진각 도착, 완주의 기쁨

전진교에서 임진각까지, 마지막 날이다. 임진강 철조망 앞에서 사진 촬영을 금지한 군의 통제가 유난히 과도하게 느껴졌다. 점심 후 해단식이 진행되었고, 농담으로 했던 완주 현수막이 진짜로 준비되어 있어 쑥스러웠다.

길 위에 남긴 평화의 발자국

13일간 300km에 가까운 여정은 평화를 향한 발걸음이자, 분단의 현실을 온몸으로 느끼는 시간이었다. 매일 걷고 나면 블로그에 여정을 기록하고 사진을 올렸다. 그러자 단체에 소문이 퍼져 주최 측에서는 내 휴대전화 충전을 걱정해 주었다. 일행은 내가 찍은 사진을 보고 나서는 주변 경치를 살피며 걷는 습관이 생기고, 내 글을 읽고 나서야 잠이 들기도 했다고 한다.

다음 행사에는 강사로 초청되어, 단순한 걷기를 넘어서 시선을 바꾸고 삶을 바꾸는 이야기를 전했다. 그때는 이 길을 걷는 경험을 단순한 기록이라 여겼지만, 이제는 우리 시대에 던지는 조용한 질문이 되었다.

과연 우리는 이 분단의 길을 평화의 길로 바꿀 수 있을까?

평화는 멀리 있는 이상향이 아니다. 발바닥 아래 땅 위에 있고, 그 땅을 걷는 우리의 마음속에 있다. 개인적으로 '평화로 가는 길'에서 통제로 보지 못했던 길을 '평화가 오는 길'에서 완성했다. 이병록의 신대동여지도는 그렇게 조금씩 완성되어 간다.

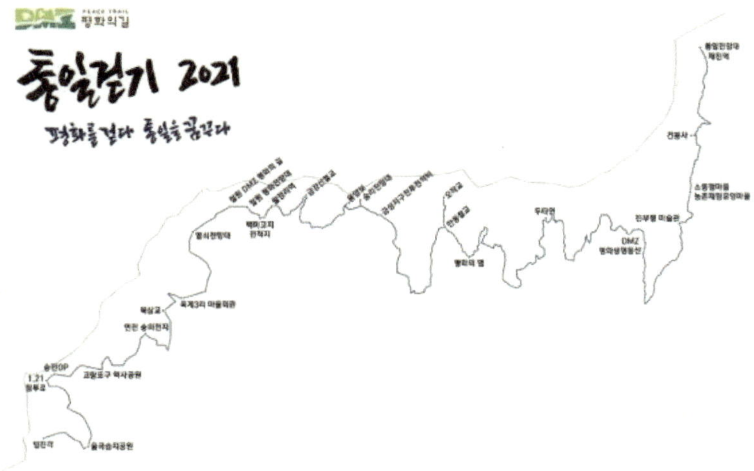

아내는 합격바위에서 무엇을 빌었을까?

봉화길은 2023년 11월 11일에 개통되었지만, 그날부터 이미 '옛길'이 되었다. 경기옛길 구간에 속하기 때문이다. 이 길은 경기도 하남에서 광주, 이천, 여주를 지나 장호원에 이르며, 지금은 경강선이라는 철도가 함께 달리고 있어 교통이 편리하다. 새로 만든 길이라 볼 것이 많아 1길에서 4길까지만 쓴다.

이 길은 조선왕조실록과 왕실 족보가 이운되던 왕의 길이었고, 병자호란 때의 패전 흔적이 남아 있는 피의 길이었으며, 조선 후기에는 남쪽에서 소를 몰아 한양으로 올라오던 농민들의 땀방울이 서린 경제의 젖줄이었다. 나는 이 길에서 반드시 보고 싶은 두 곳, 합격바위와 곤지암을 목표로 삼았다. 국수봉은 길을 따라 걷던 중 만나게 되었다.

너른 고을 광주

광나루 또는 광진(廣津)은 광주로 가는 나루터라는 이름이다. 광주는 너른 고을이라는 뜻으로 고려 태조 23년(940)부터 큰 고을이다. 수원 일부, 서울 강남과 강동구, 남양주 일부, 의왕, 군포, 성남, 하남 일대가 모두 광주였다. 전남 '빛고을 광주'와 혼동하는 이들이 있지만, 경기도 광주 또한 그에 못지않은 역사를 품고 있다.

첫길 덕풍천에서 만나는 광주향교에는 오래된 은행나무가 많다. 행단(杏壇)의 전통에 따라 향교에는 은행나무가 많은데, 여기는 그 중의 대표적인 장소다. 주변에 500년 된 은행나무가 몇 그루나 있다. 내가 지정번호 하남-1, 2(1,2,3), 3을 확인 했으니 최소한 4그루 이상이다.

광주향교 은행나무

전투와 농민 경제의 길

광주향교에서 남한산성 북문은 고골계곡(고읍古邑계곡)을 통해서 올라간다. 한자 옛(고古)과 우리말 골(짜기)을 섞어 고골로 부르고 있다. 나는 고구려라는 지명도 이 '골'에서 비롯된 말이 아닐까? 짐작해 본다.

병자호란 때 보부상들이 짐을 지고 날랐던 보급로로써, 조금만 올라가면 북문이다. 영의정 김류 주장으로 군사 300여 명이 청군을 공격했으나, 전멸하는 남한산성 최대 전투 현장이다. 희생 장병을 기린 것인지, 왕조의 실패를 가릴 의도인지, 정조 때 전승문으로 이름을 바꾼다.

제7암문과 북문(전승문)

국수봉 아래 쌍령리에서 경상좌도 병마절도사 허완, 경상우도 병마절도사 민영, 공청도 병마절도사 이의배, 안동 영장 선세강 장군과 병사들

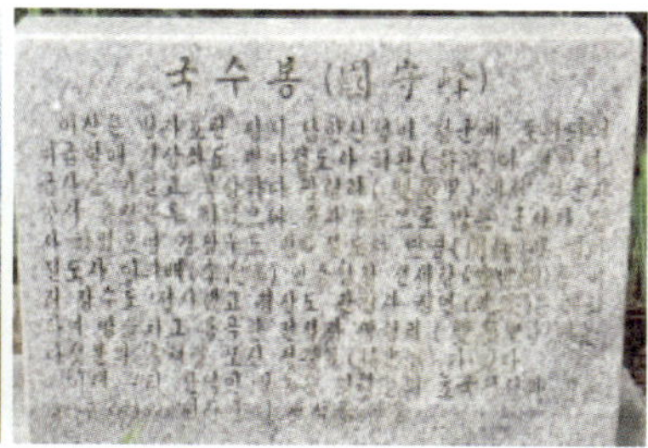

국수봉에서 내려다보는 시내

이 전사했다. 네 명의 장군은 정충묘에 모시고 있으며, 선세강 장군은 보성 오충사에도 모셔져 있다.

전쟁 상처를 간직한 이 길은, 조선 후기에는 남쪽 농민들이 한양으로 소를 끌고 올라오던 생계의 길이 되었다. 광주의 경안장과 송파장의 우시장이 대표적이다. 송파장으로 가기 위해선 새오개 고개를 넘고 산성을 지나 장지동으로 향해야 했다. 이때 꾸불꾸불한 아배재는 경사는 완만했지만 도둑의 위험이 있었고, 고개를 넘으면 깊으내 주막, 삼거리 주막 등 여러 쉼터가 기다리고 있었다고 한다. 주모 유혹에 넘어가면 소 한 마리를 술값으로 날렸을 것이다.

합격바위와 곤지암에 얽힌 전설

과거 합격에 인생을 걸었던 선비들이 간절하게 빌었을 합격 바위를 보고 싶었다. 곤지암은 젊어서 운전할 때 방송에서 차량 소통을 얘기하면서 많이 들었기 때문에 어떻게 생겼는지 궁금한 마을이다.

합격바위는 두 번째 길인 한양삼십리길 뒤쪽에 있다. 불당골 마을은 동네 입구와 등산로 입구를 잘 만들어 놓았고, 관광객도 많다. 그러나 유명세를 타서 그런지 여름 오후 6시 30분인데, 식사를 팔지 않거나 자릿세를 달라고 해서 버스를 타고 돌아온다. 옆 마을은 그 시간에 문을 연 식당이 많았다.

합격 바위는 과거 보러 가는 선비들이 큰 바위 아래나, 서낭당처럼 돌을 쌓으면서 생긴 줄 알았다. 바위는 생각보다 크지 않았고, 전설에 따르면 선비 어머니가 과거시험을 준비하는 자식을 위해 집채보다 큰 바위를 산으로 밀어 올렸다. 밀어 올리는 사이에 모가 났던 바위가 마패처럼 둥글어졌다. 어머니의 간절함 염원을 느낀다. 산길에 몇 사람을 만나는데, 합격을 빌러 온 것인가? 아내가 합격 바위에 손을 올리고 무엇을 빈다. 이심전심으로 짐작이 가지만, 무엇을 빌었는지 물어보지 않았다.

합격 바위 외에도 과거 급제를 빌면서 심은 느티나무 다섯 그루가 있다. 불당골에서 합격 바위 가기 전에 있는데, 경남의 한 선비가 5년간 한 그루씩 심었다고 한다. 사실 정기적으로 치르는 식년시는 3년마다 있었다. 사실 여부보다 간절한 마음이 전해지고, 얘기가 전해 진다는 것이 중요하다. 이외에도 형제바위, 자매바위, 쌍둥이바위, 용트림 소나무 같은 이름과 마을에 전해 내려오는 이야기들을 길 가에 만들어 놓은 이들의 정성과 상상력을 느끼게 한다.

큰 암자가 있는 골인 줄 알았던 곤지암은, 뒷산(뫼 곤) 연못(못 지)에 바위(바위 암)로 뒷산 연못에 있는 바위라는 평범한 이름이다. '중정남한지'에 곤지암(崑池巖)으로 표기되어 있으나 지금은 곤지암(崑池岩)으로 바뀌었다고 한다. 내 한문 실력으로는 암(巖)이나 암(岩) 둘 다 같은 바위다.

합격바위

곤지암은 신립 장군 무덤이 주변에 있어서인지 장군이 관련된 전설이 있다. 장군이 칼로 바위를 잘랐다고 하는 아서왕의 엑스칼리버와 비슷한 전설보다, 벼락이 내리쳤다는 전설이 더 마음에 와닿는다. 장군 시신을 이곳으로 옮겨 장사를 지낸 후로 여기를 지나면 말발굽이 땅에서 떨어지지 않아, 말에서 내려서 걸었다. 말에서 내려서 걷는 얘기는 삼척

곤지암

말굽재에도 전한다.

　선비 한 명이 장군 묘를 찾아가 행인을 괴롭히고 있다는 편잔을 주었다. 그러자 천둥소리가 함께 벼락이 바위를 내리쳐서, 바위가 두 쪽으로 갈라지고 큰 연못이 생겼다. 이후로는 괴이한 일이 없어지고, 사람들이 곤지암이라 불렀다는 것이다. 큰 바위 위에는 약 400년 된 향나무가 자리 잡고 있다. 향나무와 바위가 공존하려면 세심한 관리가 필요하겠다.

　합격바위와 곤지암, 이 두 곳은 쉽게 발걸음을 허락하지 않아서 두 번째 찾아가서 볼 수 있었다. 합격바위는 한양삼십리길 뒷 부분에 있으므로, 불당골에서 나누어 걷는 것이 좋다. 곤지암은 역 근처에 있지만, 길 시작과 끝이 역으로 되어 있어 일부러 찾아야 했다. 그만큼 그곳은 단순한 경유지가 아니라, 마음을 담아 걸어야 닿을 수 있는 곳이었다.

바람 끝 가거도, 그 섬에 가고 싶다

　　흑산도 상황실에서 작전상황도(해도)를 보면 서남쪽 끝단에 자리한 섬이 하나 있다. 지금은 '가거도'로 널리 불리지만, 그 시절에는 '소흑산도'로 불렸다. 본디 아름다운 섬이라는 뜻의 가가도(嘉佳島, 可佳島)라 불리다가, 1896년부터는 '살 만한 섬'이라는 의미의 가거도(可居島)로 개칭되었다. 그런데 일제 강점기에는 뜬금없이 소흑산도라는 행정 명칭이 붙었다. 분명 자기 이름이 있는 섬을, 다른 섬의 곁가지처럼 부르면 누가 좋아하겠는가?

대리 마을과 향리 마을

　1983년 흑산도 근무 시절 기억에 남는 것은, 태풍이 불면 중국 어선들이 많이 피항해 왔다. 당시 부두에 방파제를 만들고 있었는데, 한차례 태풍에 그 구조물이 떠밀려 갔다는 소식도 들었다. 1991년 지방선거 때는 파도가 너무 높아 행정선이 운항하지 못했고, 그때 우리 충남함이 선거관리위원과 투표함을 목포로 이송했다. 그날 통통선을 타고 기다리던 다방 아가씨는 "공무가 아니면 태울 수 없다"는 이유로 배에 오르지 못했다.

　그런 기억들 때문인지, 가거도는 내게 늘 '가고 싶은 섬'의 최우선이었다. 마침내 2020년 5월, 목포에서 출발하는 배에 올랐다. 부두에 여관이나 민박이 많다는 정보를 듣고는 예약 없이 그냥 배를 탔다. 섬에 도착하니, 반대편 향리 마을(섬등반도) 민박집 차량이 보여 짐을 실었다. 항구인 대리 마을을 둘러보고 점심을 먹은 뒤, 민박집까지 '가거도 2길'을 따라 5.6km를 걷기로 했다. 걷는 중 민박집 차량이 와서, 백년등대 구경을 시켜 주었다.

백년 등대

숙소에는 우리 부부 외에 한 명의 손님이 더 있었다. 흔치 않은 새를 촬영하러 온 사진작가였다. 우리는 낮에 섬을 둘러보고, 그는 숲에서 잠복하며 사진을 찍다가 저녁에 잠깐 얼굴을 보았다. 맞은편에 예쁘게 지어 놓은 펜션은 문을 열지 않았다.

다음 날 아침, 바람이 심해 길을 나설까 말까 망설이는데, 민박집 여주인이 "여기만 바람이 심하고 다른 쪽은 괜찮다"고 한다. 섬등반도에서 '6길' 신선봉을 오르고, 가능하면 '5길'을 따라 백년 등대까지 가보기로 했다. 어제 오후에 보았던 바닷가 멋있던 집은 빈집이었다. 마을 절반은 사람이 살고, 절반은 비어 있으며, 야생 흑염소들이 주변을 누빈다.

숙소가 있는 향리 마을(섬등반도)

향리 마을 빈집과 염소

외지인을 위한 안내도가 거의 없었다. 산 중턱에 커다란 표지판이 있어 반가워했더니, "쓰레기를 버리지 마시오"라는 내용이다. '6길'엔 신선봉 표지판이 없어 그냥 지나쳤다. '5길' 끝 백년 등대는 전날 차로 이미 구경했기 때문에, 이어서 섬 동북쪽 해안가인 '4길'을 따라 대풍리로 향했다.

섬 북쪽

걷던 중 대풍리가 아닌 '독실산' 안내판이 보여 숙소로 내려가는 '7길'
로 접어들었다. 그 길은 가거도에서 자연림의 높은 봉우리를 넘는 길이
다. 거센 바람에 나무들은 뿌리째 흔들리며, 땅에 적응해 살아가고 있었
다. 엉성한 안내판 덕분에 섬의 절반, 북쪽 지역을 모두 보았다.

달뜬목, 해뜰목

　섬 남쪽의 중심이자 가장 큰 마을인 대리(가거1구)는 항구가 있는 곳
이다. 서쪽으로 회룡산, 선녀봉이 병풍처럼 둘러서서 마을을 지키니, 전
체 섬을 지킨다고 할 수 있다. 회룡산과 선녀봉에는 전해 내려온 얘기가
있다. 용궁의 왕자가 선녀 때문에 수행을 멀리하자, 호위하던 무사에게
벌을 내려 장군봉으로 만들었다. 선녀들이 이를 불쌍히 여겨 눈물을 흘
리고 하늘로 올라갔다고 한다.

　대리 동쪽으로는 능선 조망대와 땅재 전망대, 달뜬목, 해뜰목이 섬을
지킨다. 신안 향토 사료에 달뜬목은 동네 사람들이 정월 대보름에 보름
달 뜨는 것을 보는 장소라고 하는데, 길이 험하다. 이름으로 보면 달
뜬목은 시간상으로 달이 뜨고 있고, 해뜰목은 아직 해가 뜨지 않은

밤이다.

대리에서 숙박한다면, 첫날에 이 일대인 가거 1, 2길을 둘러보는 것이 좋겠다. 1983년 1년의 기억으로 지킨 섬을, 2020년에 4일간 발걸음으로 마쳤다. 가거도에서 나뭇잎이 마치 꽃잎처럼 하얗게 피어났다가, 점차 초록색으로 색깔을 바꾸는 나무들이 많다. 흑염소를 이용한 가족이나 단체 관광객 유치 방안은 없을까?

해남 짜우락샘, 용의 눈을 깨우다

2024년은 12간지 중 용띠 해다. 양(羊)을 염소로 바꾸면, 용을 제외한 나머지 11개 간지는 우리 일상과 밀접한 동물들이다. 그에 비해 용은 상상과 상징의 동물이다. 그러나 용은 구름과 바람을 관장하는 존재로, 실생활과도 무관하지 않다. 비를 내려주는 구름은 농부의 생업과, 파도를 일으키는 바람은 어부의 생명과 맞닿아 있다.

이처럼 비바람을 부리는 존재인 용에게 사람들은 풍년과 풍어를 기원해왔다. 신라시대의 '사해제(四海祭)', 고려시대의 '사해사독제(四海四瀆祭)', 조선시대의 용신제는 모두 용을 대상으로 한 행사다. 도시화로 대부분 사라졌지만, 예전 농촌에서는 음력 6월 15일에 논두렁 물꼬에 보리개떡이나 밀개떡을 올리며 풍년을 비는 유두제 또는 용신제가 있었다. 일부 바닷가에는 어민들이 풍어와 안전, 또는 망자의 명복을 비는 용왕제 풍습이 아직도 이어진다.

전라남도는 2024년 청룡의 해를 맞아 전국 지명 중 '용'이 들어간 지명을 조사했다. 전국에 1,261개가 있으며, 그중 310개(약 25%)가 전남에 몰려 있다. 순천시가 34개로 가장 많고, 해남, 영암, 무안, 나주가 뒤를 이었다. 고향 순천시 별량면에도 신작로가 있는 마을 이름이 구룡이고, 바닷가에는 용두라는 지명이 있다. 용두는 초등학교 시절 자주 소풍을 갔던 곳이다. 그때 본 돛단배 모습이 지금도 선명하다.

해남에도 용산, 용정, 용수, 용일 등 용과 관련된 지명이 많다. 그중 특이한 곳이 북평면의 와룡리다. 2023년 겨울, 강진에서 완도까지 남파랑길 85길을 따라 걷던 중 발견한 마을이다. 마을을 둘러싼 산자락이 누운 용처럼 보여 '와룡'이라는 이름이 붙었다. 마을 한가운데는 용못에서 시작한 와룡천이 흐른다.

와룡 마을

와룡리에 풍수지리적으로 용의 두 눈이 있는 곳이 있다. 누워있는 용의 두 눈 역할을 하는 것이 짜우락샘이다. 샘이 밀물 때는 바닷물에 잠기고, 썰물이 되면 다시 나타난다. 샘물은 바다에서 솟아 나오는 용샘이다. 바닷물에 잠겼으면 갯맛(짠맛)이 날 텐데, 물맛이 좋았다고 한다. 지하수를 개발하여 샘의 기능이 사라지면서 방치되었다. 샘을 방치하면 물이 썩을 뿐만 아니라 각종 쓰레기가 쌓이게 되어 있다.

어느 해부터인가 방치되었던 샘을 다시 살려서 깨끗하게 보존한 사연이 전설의 고향처럼 내려온다. 호랑이 담배 피우던 시절이 아니고, 불과 수십 년 전 얘기다. 마을에 한 해 동안에 갑자기 7명의 젊은이가 죽었다. 마을을 지나가던 한 노인이 "누가 누워있는 용의 눈을 가렸을꼬"라며 혼잣말로 중얼거렸다고 한다. 마을 사람들이 그 말의 뜻을 물어보니 "바닥에 엎드려 잠시 쉬고 있는 용의 두 눈을 가려 놓았으니, 마을에 변고가 생긴다"라면서 "가려진 용의 두 눈을 뜨게 하라"면서 마을을 떠났다.

마을 사람들이 용의 눈을 찾다가 짜우락샘이 용의 눈 위치라는 사실을 깨닫고, 샘을 깨끗하게 청소한 다음에 마을은 안정을 되찾았다고 한다. 마무리하는 중요한 일을 화룡점정이라고 하는데, 용의 눈을 완성하자 그림의 용이 하늘로 날아갔다는 데서 유래한다. 용의 눈을 정화했으니 이 또한 화룡점정이다.

짜우락의 뜻이 인터넷에서 나오지 않아서 면사무소에 문의하니, 마을 이장에게까지 확인한 끝에 "모르겠다"라는 답이 돌아왔다. 뜻은 모르지만, 담당 공무원의 친절은 기억에 남는다. 어떤 이는 이를 "용루정(龍淚井), 즉 용의 눈물샘"이라 부르는데, 일리가 있다. 마을과 바다 사이에 위치한 이 샘은 농민과 어민 모두에게 필요한 물이었다.

와룡리에서는 노둣길도 만날 수 있다. 돌을 놓아 육지와 섬, 섬과 섬을 잇는 길이다. 이런 길을 많이 봤지만, 노둣길이란 단어를 설명한 안내판을 이곳에서 처음 봤다. 와룡마을과 새배여를 잇는 이 길은 '새배등'이라 불린다.

노둣길

남파랑길 85길은 강진에서 해남을 거쳐 완도로 이어지는 길에 짜우락샘 얘기도 재미있고, 주변 풍경들도 인상 깊다. 우거진 갈대 사이에

놓인 작은 배를 보며 어렸을 적 읽었던『수호지』속 양산박이 문득 떠
올랐다. 초등학교 때 삼국지보다도 수호지를 더 재미있게 읽었다.

용의 꼬리를 찾아서
- 고흥 무지개다리에 새겨진 상상의 흔적

우리가 흔히 떠올리는 용의 머리는 대체로 비슷하다. 크고 우락부락한 눈, 길게 뻗은 수염, 커다란 입에 문 여의주. 고구려 고분 벽화에서부터 민속화, 현대 조형물에 이르기까지 익숙한 상징이 반복됐다. 그러나 용의 꼬리는 상대적으로 덜 주목받는다.

대개 몸통보다 가늘고, 끝은 지느러미처럼 퍼지거나 갈래 형태로 마무리된다. 그 갈래 수조차 일정치 않다. 예컨대 오래된 범어사의 목어는 용의 형상을 전체적으로 구현한 조각인데, 꼬리는 다섯 갈래로 나뉘어 있다. 2014년 경북 구룡포에 설치된 '용의 승천 – 새 빛 구룡포' 조형물에서는 아홉 마리 용 가운데 여덟은 꼬리를 땅속에 숨기고 있고, 유일하게 승천 중인 한 마리만 여섯 갈래 꼬리를 드러낸다.

1997년 충북 청주 대청호에 세워진 조형물은 날카롭게 뻗은 꼬리를 하늘로 틀어 올리며 허공을 찌르듯 솟아 있다. 작가는 이 작품에 '난 화가 났어요'라는 제목을 붙였지만, 사람들은 그저 '대청호 용 꼬리'라 부

범어사 목어, 구룡포 용꼬리

른다. 시대와 지역에 따라 용의 형상은 변화하고, 상상의 존재인 만큼 작가의 추상적 표현도 용의 이미지로 수용된다.

그런데 특이하게도, 잉어의 지느러미처럼 묘사된 용의 꼬리를 실제 돌 다리에 조각해 붙인 사례가 있다. 전라남도 고흥군에서 만난 '무지개 다리'다.

고흥의 두 무지개다리 – 옥하리와 서문리

고흥읍은 조선시대에는 흥양현으로 불렸으며, 구한말 총리대신 김홍 집이 34세에 현감으로 부임해 근무했던 곳이다. 김홍집이 머물렀던 존 심당은 지금도 고흥읍 중심에 남아 있고, 그 앞 개천을 가로질러 두 개 의 홍교(虹橋), 즉 무지개다리가 놓여 있다.

먼저 옥하리 다리 아래에는 땅을 향해 고개를 숙인 용머리가 새겨져 있다. 함께 여행하던 후배에게 이 이야기를 전하자, 그는 주저 없이 다 리 밑으로 내려가 사진을 찍었다. 그의 용감한 행동 덕분에 귀중한 사진 을 얻었지만, 사진은 아직 작가의 솜씨를 만나지 못했다. 다리 아래 사

다리 아래서 찍은 용

진 찍는 곳(포토 존) 이라도 마련된다면 더 많은 사람들이 이 조각을 가까이에서 즐길 수 있을 것이다.

더 흥미로운 조형물은 서문리 다리에 있다. 다리 한쪽에는 전형적인 용머리가, 반대편에는 잉어 지느러미처럼 묘사된 용의 꼬리가 새겨져 있다. 이 구상은 '용생구자불성룡(龍生九子不成龍)'—용이 아홉 아들을 낳았으나 누구도 용이 되지 못했다는 설화—를 바탕으로 한 것으로 보인다. 설화 속 용의 아들들은 제각기 다른 성격과 역할을 지니며 인간 사회의 다양한 영역에서 신화적으로 살아간다.

다리 밑 용 조각의 의미 – 수호와 비유

물가에 새겨진 용 조각은 단순한 장식이 아니라 기능과 상징을 지닌 존재다. 이들은 '공복' 또는 '공하', '범공'이라 불리며, 수신(水神)의 역할을 맡고 재해나 물귀신을 막는 수호의 임무를 수행한다. 때로는 '팔애'라는 이름으로, 입을 벌리고 물가를 지키는 형상으로도 등장한다. 그리고 용두석은 고흥 부원군 류청신처럼 정승이 나온 지역에만 설치한다고 한다.

잉어에서 용으로 – 어변성룡(魚變成龍)

잉어는 고대부터 용이 될 가능성을 품은 상징적 존재였다. 용왕의 자식으로 여겨져 놓아주면 복이 따른다는 민속신앙이 전해졌고, 절에서는 잉어를 본뜬 '목어(木魚)'가 의식 도구로 쓰였다.

중국 전설 속 등용문(登龍門)은 잉어가 황하의 급류를 거슬러 올라 용문(龍門)을 통과하면 용이 된다는 이야기에서 비롯되었다. 이 등용문은 출세와 성공의 상징이 되었지만, 그 관문을 넘지 못하고 떨어진 물고기는 이마에 상처를 입어 '점액(點額)'이라는 이름이 붙었다. 등용문과 점액—성공과 실패는 언제나 맞물려 있는 인간사의 양면성을 보여준다.

미르마루길, 그리고 다시 본 고흥

2021년, 고흥에 간다고 하자 한 친구가 '미르마루길'을 추천해 주었다. '미르'는 고어로 '물'을 뜻하는 순우리말이며, '마루'는 '길'을 의미한

마을 앞 나무와 용두암

다. 그래서 '미르마루'는 '물의 길'이라는 이름이지만, 동시에 '용의 길', '하늘을 나는 길'이라는 상징도 품고 있다.

2023년 다시 고흥을 찾아 남파랑길 66구간을 걸었다. 이 길은 용암마을 영남 용바위로 이어진다. 마을 입구에는 나무가 용의 모습을 하고 있고, 바닷가 쪽에는 용두암이 지키고 있다.

해안 절벽을 따라 두 마리 용이 싸우다 한 마리만 승천했다는 전설이 전해진다. 용이 승천한 하얀색 자국은 태안 용난굴과 같은 모습이다. 절벽 위에는 실제 용 조형물을 만들어 전시하고 있고, 용굴, 거북바위, 사자 바위 같은 기암들이 차례로 나타난다. 전설과 바위, 바람이 어우러진 아름다운 길이다.

한 마리 용에서 아홉 마리 용의 숫자에 담긴 상징과 전설
– 경주시 감포읍 단용굴과 사용굴을 중심으로

용의 숫자에 담긴 상징과 전설

용의 해를 맞아 용 전설이 다시 주목받고 있다. 『트렌드 코리아 2024』도 그 제목을 DRAGON EYES로 정했다. 한국인은 오래전부터 용을 단순한 상상의 동물이 아닌, 국가와 집단의 운명을 상징하는 존재로 여겨왔다.

'개천에서 용 난다'라는 속담은 개인의 성공을 의미하지만, 역사 속의 용은 개인을 넘어 국가의 흥망, 왕조의 운명, 종교의 융성과 함께 등장해 왔다. 『삼국유사』에 나오는 용 대부분이 왕이나 호국불교와 관련된 이유다. 만주족 마지막 황제 푸이의 유모도 "용에게 젖을 먹이는 꿈"을 꾼 뒤 궁중에 들어갔다는 일화는, 용이 하늘의 뜻을 대변하는 존재로 여겨졌음을 보여준다.

고흥 영남 용바위와 태안 망부석

한 마리 용 – 선택받은 존재

왕이 한 명이듯 용도 한 마리여야 한다. 고흥 영남 용바위 전설에서는 두 마리의 용이 여의주를 놓고 싸웠다. 용이 싸우면 마을에 재앙이 일어난다고 해서 류시민이라는 주민이 활을 쏘아 한 마리를 떨어뜨리자 이긴 용이 승천한다. 태안의 용난굴도 마찬가지다. 한 마리는 하늘로 오르고, 한 마리는 망부석이 된다. 백성들이 상상한 용은 늘 이긴 단 한 마리, 선택받은 존재였다.

국가 간 전쟁에도 용은 등장한다. 소정방이 금강에서 백제의 용을 끌어 올린 전설은 망국의 한을 상징한다. 낚시에 낚인 용은 하늘로 솟다가 현재 공주시 우성면 동대리에 떨어졌다. 그 뒤로 마을엔 용 사체의 냄새가 진동해 '구린내' 혹은 '구리내'로 불리게 됐다고 전해진다.

반면, 문무왕은 죽어서도 용이 되어 왜구를 막겠다는 유언을 남겼다.

이견대, 무속 행위

그의 유해는 동해의 대왕암에 안치됐고, 아들 신문왕은 감은사를 지어 용이 드나들도록 설계했다. 만파식적 전설과 함께 '말등' 바위를 부쉈다는 이야기도 내려 온다. 부서진 바위 주변에는 고래가 몰려들어 '고래섬' 마을 이름도 '고라리'가 되었다고 한다.

네 마리 용 - 균형과 수호

문무왕릉 북쪽 7.7km 떨어진 경주시 감포읍 전촌 해안에는 단용굴과 사용굴이 2~3백 미터 거리에 있다. 단용굴에는 한 마리 용이 살았다. 단순한 동물도 영역을 따지는데, 신성한 용이 한 곳에서 겹쳐 살 수는 없다는 민중의 상상이 여기에 담겨 있다.

단용굴

사용굴에는 동서남북을 수호하는 네 마리 용이 살았다. 한 마리 원칙은 '한 방위에 한 마리'로 바뀌었다. 네 마리는 왕의 독점적 권력보다는 공동체 안정에 대한 염원을 보여준다. 백성들은 네 마리가 더 힘이 있게 큰 지역을 지켜주리라 생각한 것이다.

사용굴

여덟 마리 용— 잠깐 쉬어가는 숫자 이야기

이쯤에서 잠시 숨을 고르고, 용 숫자 이야기를 조금 넓혀보자. '사방 팔방(四方八方)'에서 팔(8)은 '사방'을 확장하는 의미다. 그런 의미에서 창원 팔용산도 흥미롭다. 이 산은 본래 여덟 마리 용이 모여 있는 상상의 세계였지만, 실제로는 통일을 염원하며 돌탑 1,000개를 세운 이삼용 씨 덕분에 유명해졌다.

10여 년 전, 이 길을 걷다 우연히 그분을 만나, 통일의병 명예 회원으로 모신 적도 있다. 생각해 보면 팔용과 삼용, 이름만 놓고 봐도 재미있다. 여덟 마리 용과 세 마리 용을 더하면 열한 마리, 어쩌면 숫자상 최다 용 출현일지도 모른다. 용의 세계도 이렇게 한숨 돌리고 농담 한 자락 놓을 여유가 있다면 더 풍요로워지지 않을까?

팔용산 이삼용 씨

아홉 마리 용-완성된 세계

'시방세계(十方世界)'에서 '십'은 위와 아래까지 포함한 완전한 우주를 뜻한다. 하지만 한국인은 '십만리'보다는 '구만리', '구사일생', '구우일모'처럼 '아홉'이라는 숫자에 더 친숙하다. 구(九)는 가득 참과 비움, 균형과 절제를 동시에 내포한 숫자다.

그래서인지 우리나라에 구룡산, 구룡리, 구룡마을이 유난히 많다. 내 고향에도 구룡마을이 있고, 청주 대청호 1997년 환경미술제 부제도 '아홉 용의 머리'였다. 홍콩의 주룽반도(九龍半島), 자금성의 구룡벽 등 중국에서도 아홉 마리 용은 상상 속 최다 숫자다.

천룡(天龍)이나 백룡(白龍)은 숫자가 아니다. 결국 아홉 마리가 인간이 상상할 수 있는 용의 최대치인 셈이다.

감포읍 대본1리 가곡항에는 가곡 제당이 있다. 이곳에는 할배소나무와 할매소나무가 서 있는데, 약 400년 전 마을을 지키기 위해 심은 당나무다. 할아버지와 할머니가 아닌 '할배'와 '할매'라는 표현은 보다 친근한 정서를 담고 있다. 이 마을에서는 음력 6월 1일, 어선이 출어할 때 풍어와 안전을 비는 동제가 열린다.

가곡 제당

용의 숫자, 인간의 상상

용은
한 마리일 때 절대성과 집중

네 마리일 때 질서와 균형

아홉 마리일 때 세계관의 완성

감포에서 문무대왕릉, 단용굴과 사용굴, 그리고 가곡 제당까지 이어지는 해파랑길 11구간은 용의 전설이 살아 숨 쉬는 문화유산 박물관이다. 이 길은 숫자와 전설, 상상과 역사가 얽힌 전통문화의 여정이다.

구룡포, 용호상박과 용두사미

'용호상박(龍虎相搏)'은 중국 춘추전국시대나 삼국시대에 생겨난 말로, 사람들이 가장 강하다고 여긴 두 존재인 용과 호랑이의 치열한 싸움을 뜻한다. 같은 뜻으로 '용쟁호투(龍爭虎鬪)'도 흔히 쓰인다.

사람들은 용이 호랑이보다 더 강하다고 여긴 듯하다. 1970년대 축구 국가대표팀에서 1진은 '청룡', 2진은 '백호'로 불렸던 사실은 그 인식을 반영한다.

풍수에서는 무덤 왼쪽 산을 좌청룡, 오른쪽 산을 우백호라 하며, 각각 아들과 딸 쪽 후손을 의미한다. 고향 송기마을의 광산이씨 선영인 불무동 산소도 그 예에 해당한다.

불무동 우백호는 좌청룡보다 길이가 짧고, 길이 나면서 끝이 조금 잘렸다. 그래서인지 아버지의 여자 형제들이 불운했다는 해석이 따라붙었고, 아버지가 막내 여동생에게 이 이야기를 하자, 여동생이 싫어했다고 한다.

용과 용왕당

구룡포, 승천하지 못한 한 마리 용

경북 포항 구룡포는 이름 자체에 전설이 깃든 곳이다. 신라 진흥왕 시절, 장기 현감이 사라리 마을을 지나던 중 천둥과 폭풍우가 몰아치고, 앞바다에서 열 마리의 용이 승천하다가 한 마리가 떨어졌다. 아홉 마리만 승천했기 때문에 그 포구를 구룡포(九龍浦)라 불렀다.

1988년 무렵 작전차 몇 차례 구룡포에 들렀지만, 그때는 일본인 가옥 거리는 눈에 들어오지 않았다. 지금은 관광명소가 된 그 거리 뒤 언덕에 '용의 승천-새 빛 구룡포'라는 조형물이 구룡포항을 내려다보며 서 있다. 2014년에 세워진 이 조형물은 아홉 마리 용을 기리는 상징물이다. 그 뒤편에는 용왕을 모시는 '용왕당'이 있으나, 당시 문이 잠겨 있어 내부를 보지 못한 아쉬움이 있다.

호미곶에서 해파랑길 15길을 따라 영일만 쪽으로 걷다 보면, 전설 속 아홉 마리 용이 살았다는 '구룡소'에 닿는다. 길가 바다 쪽 20미터 거리에 있지만, 안내판이 역방향에서는 보이지 않았다. 500미터를 지나쳐 산에서 내려간 뒤에야 구룡소를 지나친 것을 알게 되었다. 구룡소는 구룡포 전설과 이어지는 또 하나의 상징적 장소다.

구룡소

구룡포 북쪽 호미곶

구룡포항에서 북쪽으로 12km 떨어진 곳에 호미곶이 있다. 조선 명종 때의 풍수지리학자 남사고는 『산수비경』에서 호미곶을 호랑이의 꼬리에 해당하는 명당이라 보았다. 어릴 적에는 이곳을 '토끼 꼬리'라 불렀지만, 이제는 호랑이 꼬리라는 제 이름을 되찾아 해돋이 명소로 널리 알려져 있다. 구룡포는 '호랑이 꼬리'인 호미곶과 함께 용호상박, 용쟁호투의

거북이, 토끼, 개가 연상되는 바위

상징지처럼 느껴진다.

예전엔 배를 타고 지나며 호미곶을 보면서, 만주를 호령하는 호랑이 꼬리 부분을 생각하면 신비로운 느낌이 있었다. 넓은 평야에 통신 안테나만 우뚝 솟아 있었고, 마을은 형성되어 있지 않았던 기억이 난다. 2024년 1월, 다시 찾았을 때는 마을이 형성되고 있었다.

구룡포 남쪽 하정리, 용두사미가 된 살모사 바위

하지만 구룡포 남쪽은 다소 아쉽다. 구룡포에서 약 4km 떨어진 하정리에는, 바다로 기어가는 동물 형상의 바위가 있다. 이 바위는 열 마리 용 중 승천하지 못한 한 마리와 연결될 법한 의미를 지닐 수 있었지만,

호미곶에서 보는 바다

뜻밖에도 '살모사 바위'라는 이름이 붙어 있다.

바위 형상이 개구리와 뱀이 어우러진 모습이라면, 고흥 사도와 와도처럼 뱀과 관련된 지명을 붙이는 게 자연스럽다. '살모사'는 위협적이고 구룡포와 얘기가 연결되지 못한 부족한 이름이다. 이 바위에 '용이 되지 못한 이무기' 이야기를 더했다면, 열 마리에서 아홉 마리가 된 용 전설이 훨씬 풍부한 이야기가 되었을 것이다.

이무기, 이시미, 꽝철이, 바리는 용이 되려다 못 된 특별한 능력을 갖춘 뱀으로써, 깊은 물 속에 사는 큰 구렁이로 상상됐다. 대표적으로 이무기는 천 년을 묵으면 용이 되어 하늘에 오른다고 생각했다. '용 못 된 이무기 심술만 남더라.', '용 못 된 이무기 방천(둑) 낸다.'라는 등의 속담도 있다.

특히 '꽝철이'는 경상도 일대에서 이무기를 부르는 말이다. 살모사 바위를 경상도 말인 '꽝철이 바위'라고 붙였으면 해남의 '짜우락샘'과 같이 재미있는 이름이 되었을 것이다. 얘깃거리(스토리텔링 소재)를 스스로 없애버려 아쉬운 생각이 든다.

이야기의 완성: 승천하지 못한 용의 자리

살모사 바위

열 마리 중 아홉 마리가 하늘로 오르고, 한 마리는 남았다. 그 남은 한 마리의 자리가 하정리라면, 바위의 이름은 '살모사'가 아니라 '꽝철이'여야 이야기가 완성된다.

과거엔 10리 거리는 걸어서 다녔던 생활권이다. 전설과 생활이 맞닿아 있는 거리였기에, 그 바위에 이무기 이야기를 붙이지 않은 것이 아쉽다. 아직 그 이름이 널리 퍼지지 않은 지금, 바위 이름을 바꾸는 것이 가능할 것이다. '꽝철이 바위' 또는 '이무기 바위'로 이름을 바꾸면 지역 문화 자산을 확장하는 일이 될 것이다.

지역을 돌아다니다 보면, 안내판이 있지만 방향성에 따라 놓치는 정보가 많고, 위치가 적절하지 않거나 현장 중심성이 떨어지는 경우가 있다. 안내판은 지자체의 의무라기보다, 이 길을 걷는 이들을 위한 배려이며 관광과 문화 해설의 시작점이다.

바다코끼리처럼 보이는 바위와 독수리 바위

덧붙이는 글: 구룡소를 지나쳤다가 다시 돌아가던 길에, 우연히 바다코끼리 형상의 바위를 보았다. 일부러 찾았던 것도 아닌, 길 위의 우연한 선물이었다. 이 길을 따라 걷는 동안, '독수리 바위'도 그냥 지나칠 뻔했다.

솔향기 길을 걷다

꾸지나무골에서 만대항까지 이어지는 솔향기길은 서해랑길 72길과 겹친다. 총연장 10.2km의 바다와 절벽, 숲과 마을이 이어지는 길이다. 2007년 태안 기름 유출 사고 때, 길이 없어 자원봉사자들이 산을 넘어 바닷가로 접근했던 바로 그 지역이다. 봉사자들의 헌신과 더불어, 이 길은 한 사람의 손끝에서 시작됐다. 차윤천 씨가 곡괭이 하나로 3년간 산 길을 열었고, 훗날 군청이 연결해 오늘의 길이 되었다.

중장비로 길을 연결했으면 자연은 훼손되었겠지만, 걷기에 편한 길이 되었을 터인데, 우공이산으로 닦은 길이다. 높은 산이 아닌데도 오르락내리락 걷다 보면 쉽지 않다. 체력이 약한 사람은 용난굴을 보고 꾸지나무골 해수욕장 2.9km를 걷던지, 만대항으로 가다가 염전 쪽으로 빠지면 좋겠다.

이 길은 한동안 사람 손을 타지 않았던 것 같다. 와랑창 동굴은 와랑

창 소리가 난다고 해서 붙인 평범한 이름이라서 더욱 빛이 난다. 꾸지나
무골 해수욕장은 이름이 마음에 들어서 큰 해변인 줄 알았는데, 한 단체
가 와서 놀기에 안성맞춤이다. 어리골, 수룽구지, 노루금, 악넘어, 뱃면
같은 정겨운 이름들이 한문이나 영어 문화의 손을 타지 않고 남아 있다.

가장 가까이 보이는 돌출구에 있는 돌이 용난굴 입구 망부석

멀리 여섬이 보이고, 두 개의 뾰족한 반도가 보이며 사람이 도를 닦는
망부석 같은 바위가 보이는 곳에 용난굴이 있다는 사전 지식 없이 현장
에 도착했다. 조그만 야영장이 있고, 주변에 있는 나무와 바위들의 아름
다움에 끌려서 해변으로 갔다. 바다에 누워 있다는 뜻의 100년 '해와송'
은 사연이 있다. 고사 직전인 나무를 살리기 위해서 차윤천 씨가 2007년
부터 8년 동안 연못을 만들고, 바윗돌로 감싸주는 등 정성으로 살렸다.
서해랑 걷기 앱이 길을 벗어났다고 시끄럽다.

용굴 중 백미 용난굴

해안을 따라 200여 미터 가면 '용난굴'이 있다는 안내판이 보인다. 이
름부터 단순한 '용굴'이 아니라 용이 난다는 '용난굴'이다. 여기도 모래
에 묻혀 있던 이 굴은 한동안 사람들의 눈에 띄지 않았다가, 지역 주민
들이 손으로 흙을 걷어내며 다시 드러났다. 명주실 한 타레, 약 100미터
나 된다는 전설이 있었지만, 실제로는 몇 미터 남짓의 작은 굴이다.

바닥 용 비늘과 동굴 위로 올라간 용의 자국

용난굴을 혼자서 찾아서 다시 돌아와 길옆에서 기다리는 아내를 데리
고 갔다. 굴 바닥은 용의 비늘을 닮은 울퉁불퉁한 모양이고, 동굴 안쪽
바위는 용의 피처럼 붉다. 굴 천장은 절벽으로 연결되어 있어, 용이 저
기를 통해 하늘로 향했다는 상상도 가능하다. 굴 바깥에도 산으로 용 흔
적처럼 보이는 하얀색 퇴적암이 산 위로 향하고 있다. 전해 내려오는 이

동굴 안의 용 피 색깔 바위

야기에 따르면, 큰 굴의 용은 승천했고, 작은 굴의 용은 승천하지 못한 채 굴을 지키는 망부석이 되었다.

서양 전설에서는 지크프리트가 용의 피를 뒤집어쓰고 불사의 힘을 얻는다. 반면 우리 전설 속 용은 동굴에서 나오며 피를 흘린다. 하늘을 나는 서양 용은 날개가 있지만, 우리 용은 날개가 없다. 그래서 우리 용은 구렁이가 담을 넘듯, 천천히, 절벽을 타고 올라가며 승천할 것이다. 그러고 보니 서양 천사는 날개가 있는데, 우리 천사는 옷이 날개다.

한국용의 칠정오욕

태안의 용 전설은 그 신통한 존재가 인간보다도 더 인간적으로 그려지는 데에 특징이 있다. 하늘을 나는 위엄보다, 땅에 머무는 감정의 그림자가 더 깊다. 특히 용난굴을 둘러본 뒤 떠오른 전설들은, 단지 옛사람들의 상상이 아니라 '욕망과 감정'을 비추는 거울처럼 보였다.

전통적으로 사람의 마음을 칠정오욕(七情五慾)으로 설명한다. 이 기준에 비춰보면, 용은 더 이상 이상화된 존재가 아니다. 오히려 인간적인 약점과 한계를 지닌 상징으로 다가온다.

오래가지 못할 것 같은 무속 신앙용으로 보이는 오색천과 해와송 옆 드러난 나무뿌리

욕망과 수치 – 별주부전을 통해 본 용의 무지

삼국사기 김유신 열전에는 김춘추가 고구려에 갔다가 탈출하는 장면이 나온다. 이때 도움을 주는 이가 선도해인데, 그가 전한 말 속에 별주부전의 실마리가 있다. 용왕이 딸의 병을 고치기 위해 토끼의 간을 구하려다 결국 속았다. 용은 병을 낫게 하겠다는 욕망에 사로잡혔고, 결국 간을 숨겨 놓았다는 토끼에게 속는다. 힘이 있어도 지혜가 부족하면 속기 마련이다. 태안 서해랑길 65길은 이 별주부전을 마을 이야기로 만들어 놓았다. 바닷가 동네에 토끼섬, 간 바위 같은 이름이 전설을 품고 있다.

공포와 분노 – 거타지조의 여우 이야기

삼국유사 '거타지조'에는 더욱 처연한 전설이 있다. 늙은 용이 오래된 여우에게 자손의 간과 창자를 빼앗기고, 자신마저 잡아먹힐 위기에 처한다. 결국 인간 거타지에게 여우를 활로 쏘아 죽여달라 청한다. 전능

한 듯한 존재가 인간에게 의탁할 수밖에 없는 순간이다. 여기서 용은 분노보다는 공포에 가까운 감정을 드러낸다. 강하지만 노쇠한, 힘은 있지만 지켜야 할 것을 지키지 못하는 존재. 이 용은 거타지가 무사히 바다를 건너게 해줄 능력은 있지만, 자신의 생명은 스스로 지키지 못한다.

애정과 애욕 – 쌍화점과 수로부인의 노래

고려속요 '쌍화점'은 남녀 간의 장난스러운 감정을 노래한다. "두레우물에 물을 길으러 갔더니, 우물 용이 내 손목을 쥐더이다." 용은 이 노래 속에서 인간과의 경계를 허무는 존재로 등장한다. 신성한 신비가 아니라, 사랑의 감정에 휘말리는 존재다.

강릉지방의 수로부인 전설도 그렇다. 수로부인이 점심을 먹고 있을 때, 해룡이 나타나 그녀를 바다로 끌고 간다. 남편과 백성들이 해가(海歌)를 부르며 되찾아오는데, 그 노래의 가사는 이렇다. "그물로 잡아 구워 먹고, 말리고, 다 삭히리라." 이 역시 애욕이 불러온 욕망, 사람에게 굴복하는 용의 모습을 보여준다.

남겨진 존재 – 승천하지 못한 용의 한

용난굴에는 두 마리의 용이 있었다고 한다. 하나는 승천했고, 다른 하나는 굴을 벗어나지 못한 채 굴속에 남았다가 '망부석'이 되었다. 이 작은 전설은 승자가 싸워서 이겼기보다는, 패자가 작은 동굴에 살아서 성

장이 더 뒤떨어졌던 것이다. 승천이라는 영광보다 더 오래 남는 아픔을
말해준다.

과거와 최근에 용난굴을 지켜낸 망부석과 차윤천 씨

길을 끝내며

서양의 용이 불사와 파괴의 상징이라면, 우리의 용은 상처 입고, 속
고, 감정에 얽힌 존재다. 그러면서도 여전히 굴을 지키고, 누군가의 기
억 속에서 살아 있는 존재다. 비늘처럼 갈라진 바위와 피처럼 번진 붉은
자국, 기름으로 오염되었던 바다와 해안은 아무 일 없다는 듯 평온하다.
이 굴은 한 마리 용이 지나간 자리이자, 수많은 사람들의 노력으로 되살
아난 장소다.

　해안으로 내려가는 길이 급경사라서 완만한 가마봉으로 올라간다. 봉우리 아래 갯바위가 밀물 때 꽃가마 모양이 된다고 해서 가마봉이다. 가마봉에서 차윤천 씨를 만나서, 오염된 바다와 해안을 살린, 이 길을 아름답게 만든 노력에 고마움을 표했다.

용과 아기장수
— 왕권과 민중의 한이 얽힌 전설의 계보

용, 왕권의 상징

우리 문화에서 용은 단순한 상상 속 존재가 아니다. 용은 곧 왕이며 권위다. 왕의 얼굴은 용안(龍顔)이고, 왕이 앉는 자리는 용상(龍床), 왕이 입는 옷은 곤룡포다. 하늘에서 내려온 신성한 존재로서의 용은 왕권의 정당성을 상징하고, 동시에 절대성을 드러내는 존재다.

고려 왕조는 자신들을 용의 후손으로 자처했다. 용녀가 인간 세계로 나와 사람과 혼인해 왕건의 선조가 되었다는 이 전설은, 고려의 왕권이 단순히 혈통이 아닌 신성한 계보에 근거한다는 의미를 담고 있다.

어릴 적 읽은 박종화의 『제왕삼대』에는 고려 우왕이 공민왕의 아들이 아니라 신돈의 아들이라는 이유로 처형되는 장면이 나온다. 우왕은 죽음을 앞두고 겨드랑이의 비늘을 보여주며 자신이 진짜 왕 씨임을 보여준다. 왕 씨 일족의 겨드랑이에는 용의 비늘이 있다는 믿음을 표현한 것이다. 이는 용이 곧 왕의 표식이라는 상징을 몸에 새긴 이야기다.

조선을 연 이성계 역시 용의 상징을 빌렸다. 함흥에 머물던 그는 한동안 조정으로 돌아가지 않았다. 이를 두고 '함흥차사'라는 말이 생겼다. 그러나 결국 조정으로 돌아오며 은둔한 무학대사를 찾아 절을 방문하였는데, 지금의 '회룡사(回龍寺)'다. '용이 돌아왔다'라는 이 이름에는 하늘로부터 명을 받은 왕의 복귀를 선언하는 정치적 메시지가 담겨 있다. 회룡사는 있던 절이었으나, 이성계의 행위로 왕권을 상징하는 장소로 재명명되었다.

이러한 정치적 상징성은 조선 최초의 훈민정음 창작물인 『용비어천가』에서도 잘 드러난다. "용이 날아올라 하늘을 다스린다."라는 뜻의 이 노래는 조선 건국이 하늘 뜻(天命)에 의한 정당한 혁명임을 노래한다. 조선은 스스로를 '성리학적 질서에 따른 새로운 하늘의 나라'로 선언한 것이다.

용은 단 하나의 존재다. 왕도 한 명뿐이며, 하늘에도 용이 둘일 수 없다. 이러한 절대성은 중국의 정치사와 대조되며, 동아시아 왕권의 안정성을 비교하는 데 좋은 기준이 된다. 중국은 땅이 넓지만, 왕조의 수명은 짧았다. 수나라는 37년 만에 망했고, 명·청도 300년을 넘기지 못했다. 군웅이 할거하고, 왕조가 자주 뒤바뀌었다.

반면 우리나라는 후삼국시대 이후 긴 왕조의 지속을 경험했다. 고려는 475년, 조선은 518년을 이어왔다. 조선은 역성혁명 한 번으로 왕조를 바꾸고, 이후 다시는 그런 큰 변화를 겪지 않았다. 그래서 민중의 마음속에는 늘 '다른 세상으로 바뀜'에 대한 기다림이 있었다.

나라가 어지러울 때, 우리나라에서는 '정도령', 불교나 기독교에서는 '미륵불', '메시아', 러시아에서는 '라진의 까마귀'처럼 세상을 바꿀 영웅을 애타게 기다렸다. 그 바람이 아기장수 전설이라는 민속적 상상으로 드러났다.

아기장수, 민중의 꿈과 좌절

전국에 분포하는 아기장수 얘기는 실패한 민중의 구원자에 대한 깊은 좌절을 담고 있다. 특별한 아이가 태어나 일찍 걷고, 하늘을 나는 날개나 용 비늘을 지닌다. 용마를 타고 하늘로 오를 운명을 지닌 존재이지만, 그들은 대부분 비극적 결말을 맞는다. 가족에 의해 돌로 눌려 죽거나, 배신당해 관군에 넘겨지는 운명이다. 이들은 모두 성장하지 못한 영웅, 좌절한 용, 그리고 이루지 못한 민중의 희망이었다.

전국에는 다음과 같은 이야기가 전해진다.

인천 부평 가정동 – 천마바위와 마제석

합천 이씨 문중에서 태어난 아기는 날개로 천장을 날아다녔다. 일주일 만에 걷고, 힘이 장사 같았다. 그러나 사람들은 그 재주를 후환의 씨앗으로 보았다. 결국 다듬잇돌로 눌러 죽였다. 그 순간, 집 주변을 돌던 용마가 울며 사라졌고, 이후 문중에는 인물이 끊겼다는 전설이 전해진다.

천마산 중턱 암석 마제석(천마바위)은 천마 발자국이라 전해지고 마제봉이라 불린다. 등산길 옆에 있는데도 보지 못하고, 사진 찍으러 다시 가야 했다. 산은 천마가 나왔다고 천마산으로 불렸고 일제 강점기에 철마산으로 바뀌었다. 특이한 것은 한국 용에게는 날개가 없으나 아기장

말 자국이 선명한 천마 바위

수에게는 날개나 비늘이 있고, 천마에게도 날개가 있다.

양평 용문면 삼성리 – 말무더미와 말구리소

양평군 용문면 삼성리 원성마을은 양지비레라고 불리는 마을이다. 말무더미라는 뒷산, 말구리라는 벼랑길, 벼랑 밑 흑천에 말구리소라는 깊은 못이 있다. 원주 이씨 문중에 태어난 아이 겨드랑이에 날개가 달려 있고, 힘이 센 장사였다. 부모가 후환이 두려워 3일 만에 맷돌로 눌러 죽였다.

하늘에서 용마가 말구리재로 내려와서 울다가 말구리소 바위에 쓰러져 죽었다. 마을 사람들이 용마를 양지비레 뒷산에 묻었고, 용마가 내려온 산을 말구리재라고 부르고, 용마를 묻은 산을 말무더미라고 부른다.

포항 청하면 미남리 – 용산과 솥 바위

포항시 청하면 미남리 용산에도 아기 장사 전설이 있다. 월포리 유씨 부부가 자식이 없어 기도 끝에 겨우 아들을 얻었다. 아이가 사흘 만에 걸어 다녔으며, 기골이 장대한 것이 예사롭지 않았다. 집안 어른들이 역적으로 몰릴 것을 두려워하여 탯줄을 끊은 가위로 찔러 죽이던지, 돌로 눌러 죽이기로 했다. 아이가 죽는 순간에, 산에 살던 용이 아들의 한과 함께 승천했다.

용이 날아가 버린 산이라고 해서 용산이라 하는데, 용마를 타고 가다가 밥을 지은 솥 바위와 국을 끓인 작은 솥 바위가 있다. 용마는 하늘을 날았으니, 천마로 부르기도 한다. 큰 가뭄 때 용산 정상에 봉화불을 올리면서, 물을 길어와 솥 바위에 가득 채우면 영험이 있다고 전해온다.

죽음을 피했으나 결국 실패한 장수들

고창 선운사 주변의 용문굴과 천마봉은 아기 장수 전설에 나오는 용과 천마 이름이다. 여기에는 아기 장수 대신에 동학혁명을 일으킨 손화중 대접주의 얘기가 전한다. 선운사 도솔암 아래에 있는 마애불에 "비결이 세상에 나오는 날은 그 나라가 망할 것이오, 망한 후에 다시 흥한다"라는 비기가 숨겨져 있었다. 마애불에서 손화중이 그 비기를 꺼냈다는 것이다. 민중의 한이 만들어 낸 얘기다.

손화중처럼 아기 장수가 성장했으나 뜻을 못 이루고, 관군에게 죽임을 당하는 내용도 여럿 있다. 통영 수우도 설운 장군 설화는 장성해서 왜구와 싸우나, 아내의 배신으로 결국 관군에게 죽임을 당한다.

선운사 마애불

    지리산 우투리 아기 장수도 성장해서 싸우다, 어머니가 비밀을 누설하는 바람에 실패한다. 줄거리가 조금 바뀐 것은 못다 핀 영웅의 죽음을 안타깝게 생각하거나, 지리적으로 깊은 산이나 바닷가라는 환경을 반영한 이야기일 수 있다.

공포와 체제의 힘, 그리고 사랑의 한계

    이상하게도 아기장수는 스스로 싸워 죽는 법이 없다. 대개는 부모가 직접 죽이거나, 가족의 배신으로 죽는다. 이는 단순한 이야기가 아니다. 삼족을 멸하던 체제, 멸문지화의 공포가 얼마나 인간적 사랑보다 강했는지를 보여주는 상징이다.

마키아벨리는 이렇게 말했다. "사랑은 다른 목적이 생기면 언제든 끊어질 수 있는 사슬이지만, 공포는 반드시 찾아오는 처벌의 두려움으로 유지된다."

아기장수 전설은 그 공포 속에서도 꿈을 꾸었던 민중의 이야기다. 한편으로는 희망의 상징이었고, 다른 한편으로는 그 희망이 꺾이는 서사였다.

못다 핀 용, 아직 끝나지 않은 전설

이 전설들은 단지 옛날이야기가 아니다. 전국 곳곳에서 비슷한 이야기가 나타나는 것은, 시대와 장소를 달리하면서도 백성들의 절망과 희망, 그리고 억눌린 구원의 욕망이 얼마나 보편적이었는지를 보여준다.

왕의 용은 하늘을 지배했다. 그러나 민중은 날지 못한 용, 죽은 장수의 혼, 날개를 숨긴 아이를 품고 살았다. 그리하여 우리는 지금도 기다린다. 언젠가 날개를 펴고 돌아올, 우리의 용을.

다만, 오늘날 그 용은 하늘에서 내려오는 존재가 아니라 투표함 속에 담겨 다시 태어난다. 군사쿠데타를 통하지 않고, 선거를 통해 정부를 구성한다. 시대에 역행하는 무능한 정권을 교체한다. 이제는 시민의 권리가 진정한 용의 부활인지도 모른다.

정조의 길, 아버지에 대한 효심이 가득 찬 수원 화성

끊임없이 이동하며 살아야 했던 유목민과 기마민족에게, 성은 곧 정착을 의미하는 족쇄였다. 그들에게 성은 이동을 포기하게 만드는 장애물이며, 유목의 생존 원리를 거스르는 구조물이었다. 몽골이나 중동의 유목 민족이 정착해야만 기를 수 있는 돼지를 경계한 것도 같은 맥락이다. 그래서일까? 돌궐제국을 재건한 톤유쿠크는 비문에 이렇게 남겼다. "성을 쌓고 사는 자는 반드시 망할 것이며, 끊임없이 이동하는 자만이 살아남을 것이다."

반면, 정착한 농경민에게 성은 자신을 보호하는 울타리이자, 공동체를 지키는 최후의 보루였다. 성은 대개 지배자의 거처를 방어하거나, 국경의 요충지 혹은 바닷가처럼 침입이 잦은 곳에 군사적 목적으로 세워졌다. '성돌을 빼어 담장을 쌓는다'는 말은 나라가 망하거나 망조가 들었다는 징조로 여겨질 만큼, 성은 공동체의 안위를 상징하는 건축이었다.

그런데 수원화성은 조금 다르다. 국경도 바닷가도 아니고, 수도 서울

수원 화성

도 아니다. 외적을 막는 실용적 군사 요새라기보다는, 정조의 효심에서 비롯된 성이다. 정조는 비운의 아버지 사도세자의 묘를 양주 배봉산에서 수원 화산으로 옮기고, 읍치 역시 팔달산 아래로 옮긴다. 그리고 그곳에 성을 쌓는다. 정조가 아니었다면, 이 땅에 화성은 없었을 것이다.

우리 문화유산은 대부분 목조여서 불에 약하다. 몽골 침입, 임진왜란, 6·25전쟁 등 숱한 전쟁 속에서 많은 유산이 불타고 사라졌다. 일제강점기에는 서울 도성처럼 의도적으로 파괴되거나, 방치되어 소멸하기도 했다. 수원화성도 예외가 아니다. 화성행궁, 중포사, 사직단 등 주요 시설이 사라지고, 지금은 행궁의 일부인 낙남헌만 겨우 남아 있다.

그럼에도 수원화성은 유네스코 세계유산으로 등재되었다. 북수문 화홍문을 통과해 흐르던 수원천은 여전히 그 자리를 흐르고 있고, 팔달문과 장안문, 창룡문과 화성행궁을 잇는 가로망 역시 당시의 골격을 유지하고 있다. 복원 과정에서 정조가 축성 직후 발간한 『화성성역의궤』를 바탕으로 원형을 살리려 한 노력이 높이 평가된 것이다.

화성을 축조할 때, 정약용이 만든 거중기와 녹로 등 새로운 공법이 활용되었다. 특히 그의 제안으로 일부 구간에는 벽돌이 사용되었는데, 이는 당시로서는 획기적인 발상이었다. 실학자 박제가가 『북학의』에서 지적했듯, 우리는 돌을 유난히 선호해 벽돌로 탑을 쌓으면서도 돌처럼 보이게 꾸밀 정도였다. 그런 문화 속에서 벽돌 성은 새로운 실용 정신의 표현이었다.

돌로 성을 쌓으려면, 무거운 돌을 먼 지방에서 옮겨야 한다. 석공이 일일이 정으로 다듬어야 한다. 정 자국이 선명한 돌이 지금도 성 바깥 언덕에 남아 있다. 그 돌들이 한때 성벽이 되기를 기다리며 땀과 피를

머금었을 것이다.

벽돌은 대량 생산이 가능하고, 성을 쌓기에도 훨씬 수월하다. 중국의 만리장성도 진시황 때는 흙으로 쌓은 토성이었지만, 명나라 이후에는 벽돌로 축조되었다. 만약 돌로 쌓았더라면 천문학적인 인력과 세월이 필요했을 것이다.

대규모 토목공사는 항상 백성의 희생을 수반한다. 농사철을 피해야 하므로 농한기, 곧 백성이 쉬어야 할 시기에 전국에서 사람을 징발해야 한다. 중노동에 시달리다 다치거나 죽는 이도 생겼다.

임진왜란 직전, 성을 보수하겠다며 백성을 동원하자 인심이 흉흉해져 공사가 중단되었다. 인조반정 때 광해군을 몰아내며 내건 죄목 중 하나가 궁궐 중건으로 백성을 괴롭혔다는 것이었고, 대원군 역시 경복궁을 중건하며 당백전을 발행해 백성의 원성을 샀다.

광해군과 대원군은 살아 있는 왕권을 과시하기 위해 궁을 지었다. 그러나 수원화성과 타지마할은 죽은 이를 위한 유산이다. 타지마할은 황제가 사랑한 아내를 기리기 위해, 수원화성은 정조가 아버지에게 바친 효심의 기념비였다.

오늘날 우리는 이 아름다운 유산들을 자랑스럽게 여기고, 관광으로 지역경제에 이바지하지만, 그것이 만들어질 당시 백성들이 겪은 고통을 떠올리면 마음이 묘하다.

만약 내가 과거로 돌아가 왕이 된다면, 이런 공사를 과연 해야 할까?, 말아야 할까? 선뜻 판단하기 어렵다. 당신이라면 어떻게 하겠는가?

분명한 것은 시대가 개벽되어, 왕의 가마가 다닌 길보다 시민의 자전거길이 더 중요한 시대가 되었다는 사실이다.

내가 전생에 고흥을 구한 장수일까?

포항 부근을 걷고 있는데 고흥에 사는 친구인 정용신에게서 전화가 온다. 포항을 걷고 있다고 하니까, 반 경상도 억양인 광양 말투로 "자네는 이(홍)길동이야"하면서 껄껄껄 웃는다. 나도 덩달아 웃으면서 아마도 내가 전생에 고흥을 구한 인물인 것 같다는 생각이 든다. 왜냐하면 고흥에서 너무 귀한 사람들을 만났기 때문이다.

나는 2년 전부터 '이병록의 신대동여지도'를 만들겠다는 뜻을 가지고 전국을 걸어 다닌다. '여지(輿地)'는 곳곳에 살고 있는 사람들의 삶이 녹아있는 인문 지리로써, 일종의 길 위의 인문학이다. 단순하게 길을 완주하겠다는 일차적 목표도 있지만, 마을 사람들의 삶을 이해하는 인간적 교류가 중요한 목적 중 하나이다. 이 목적이 가장 성공한 마을이 고흥이다.

남파랑길 고흥 지역은 약 2주간이 걸리는 긴 여정이고, 먹고 자는 문제를 해결하기 어려운 곳이다. 마침, 고흥에 귀촌하여 사는 고등학교 동창이 쾌히 놀러 오라고 해서 제일 어려운 문제가 해결된다. 그는 대위 때 전역하여 교통회사에서 중책을 맡았고, 지금은 노후를 즐기고 있다.

햇빛으로 돈을 만드는 태양광 사업도 하면서, 집 근처에는 여가를 활용하는 버섯 농사를 짓고 있다. 해가 강하면 태양광이 좋고, 해가 약하면 버섯이 좋다.

친한 손님도 3일만 지내면 귀찮아지는 법이다. 얼마나 친절하고 자상한지, 아내가 친구 부인을 친정엄마 같고, 친구를 친정 오빠 같다고 얘기한다. 그 친구를 보면 장군처럼 기골이 장대하고 기가 살아있다. 그와 비교하면 평생 직업군인이었던 나는 서생처럼 보인다. 친구는 마을 이장 냉장고를 자기 것처럼 쓰고, 마을 이장도 오고 가면서 들릴 만큼 탄탄하게 정착했다.

천등산에서 내려가고 있는데 딱 2년 전에 고흥에서 처음으로 만났던 이정양 씨에게서 전화가 온다. 우리가 온 소식을 듣고, 마침 이 부근을 지나가는 중인데 기다리겠다고 한다. 2년 전에 통일운동과 마을 운동을 하는 생면부지의 고흥의 몇 사람과 며칠 동안 미르마루길, 연홍도, 쑥섬을 함께 걸었던 인연이다. 강경우 씨는 고흥 농협에서 유자 사업을 맡아 매우 바쁜데도 불구하고, 막간을 이용하여 세 번이나 찾아왔다. 밥값은 기어코 내가 냈지만, 찻값은 그분에게 기회를 주었다.

  마침, 고향인 고흥에 내려와 있는 고등학교 후배 이재혁에게서 전화가 온다. 사회관계망 서비스를 보고는 내가 고흥에 있다는 사실을 알았다. 다음 날 후배 차를 타고 고흥이 키워낸 인물을 주제로 돌아다녔다. 덕분에 흥양현감이 정무를 보던 존심당, 고흥향교 유적을 돌아보았다. 자전거를 쓴 시인 목일신 거리, 화가 천경자 생가, 유제두 권투 선수 생가, 진무성 장군을 모시는 무열사를 돌아보았다. 홍교 밑으로 내려가 용 사진까지 찍어 주었다. 이 후배가 없었다면 옛 고흥 역사 흔적을 지나칠

뻔했다.

우미산 자락까지만 갔다가 되돌아서 간천 마을을 지난다. 본가를 들렀다 나오던 류봉진 씨가 목이 마르겠다면서 두유를 건넨다. '강산애 펜션'에 자러 가는 길이라고 했더니, 거기까지 태워다 주셨다. 전국을 돌아다닌다고 했더니 "고흥 홍보를 잘해 달라"고 부탁하고, 펜션 1층 카페에서 음료수까지 사 주고 가셨다. 자기 고향을 무던히도 사랑하는 사람이다.

오늘 자는 이 펜션은 남파랑길을 걷는 사람을 태워다 주고, 점심 도시락까지 싸주는 곳으로 이름이 나 있다. 요즘은 일이 바빠서 근처에 있는 길 시작점과 끝 지점만 태워 주겠다고 미안해하지만, 얼마나 고마운 일인가? 점심 도시락을 새로운 반찬으로 싸주는데, 도시락 그릇은 우리 것을 쓰고 남은 반찬만 있으면 된다고 하니, 오히려 고마워한다. 고흥에 이런 사업을 하는 사람이 있으면, 걸어 다니는 사람과 누이 좋고 매부 좋은 격이다.

서울 시민단체에서 몇 번 만난 적이 있는 최ㅇ진 씨에게서 카톡이 온다. "제 고향을 지나가고 계시는데, 회를 대접하지 못해서 아쉽다"라는 내용이다. 농담 삼아 "아직 기회가 있습니다."라고 답을 했더니, 진담으로 받아들여서 화성에서 "내려갈까? 고민 중"이라고 한다. 추석 때 고향에 못 왔다는 핑계로 성묘 겸 토요일에 고흥으로 오셨다. 부인까지 함께 내려와 저녁을 먹었다. 어두운 밤에 부인이 서투른 운전으로 친구 집까지 태워다 주셨다.

이 지역에서 나라를 구한 이순신 장군에 비할 수는 없지만, 내가 전생에 고흥을 구했던 사람은 되지 않을까? 평소 아침밥만 먹고 사라지면 밤늦게 돌아오는 남편이 못마땅했던 아내가 나를 재평가한다. 사람을 평가하려면 친구를 보라고 하지 않았던가? 내가 잘 난 것이 아니라, 좋은 친구들이 나를 빛나게 해줬다.

친구가 사는 독대마을

길에도 권력이 있다

나이가 들면 가장 바람직한 삶의 방식은 많이 걷고, 많이 보고, 많이 쓰는 것이다. 나는 길을 걷고, 그 길 위에서 느낀 것을 글로 남긴다. '이병록의 신대동여지도'라는 제목으로 여행기를 쓰고 있다. '이병록의 책을 통해 세상 읽기'는 읽었던 책 내용을 복습하고, 남들과 공유하는 좋은 도구가 된다.

사관학교를 졸업할 때 어머니는 "너처럼 동작 둔하고 잠 많은 애도 졸업하냐?"며 대견해하셨다. 중령 시절엔 여름휴가 내내 집에서 영화만 봤다. 그런 내가 가장 운동을 많이 했던 시기는 울릉도 근무 때다. 섬 생활의 유일한 탈출구는 성인봉 등산이었다.

2013년, 전역을 앞두고 제주도 올레길을 걸었다. 2015년엔 부산에서 울산까지 나눠 걷기 시작했고, 그 길이 해파랑길이라는 사실조차 몰랐을 때였다. 이후엔 한강을 따라 인천에서 여주까지 걸었다. 건강상 이유도 있었지만, 내가 청춘을 바쳐 지켰던 국토를 순례하고 싶었기 때문이다.

블로그로 인증한 해파랑길과 서울둘레길

이런 기록을 남기는 데 도움이 된 건 블로그다. '관군에서 의병으로'라는 블로그에 일기 쓰듯 거의 모든 일상을 정리했다. 처음엔 사회관계망서비스에 블로그를 연결(링크)했다. 불편해하는 사람이 있고, 페이스북에서 오류 신호를 내자, 블로그 연결을 멈췄다. 지금은 기고문이 언론에 나오면 그 언론을 사회관계망서비스에 연결하고, 블로그는 자료를 모으는 형태로 운영한다. 블로그 글의 완성도가 높아지다가, 다시 자료 보관함 수준으로 바뀐다.

해파랑길 북쪽 구간은 강원도 평화누리길과 상당히 겹친다. 블로그 기록을 근거로 완주를 인정받았다. 서울 둘레길도 마찬가지다. 반면 제주 올레길은 현역 시절에 걸어 블로그 기록이 없고, 당시 페이스북에 올린 몇 장의 사진으로는 정리가 어렵다. 그래서 완주는 했지만, 완주증이 없다.

2021년, 경기도 평화 누리길을 걷던 중 경기 둘레길을 만드는 현장을 자주 목격했다. 이미 길이 있는데 왜 또 다른 길을 만드는지 의문이 들었다. 경기 둘레길 전체 구간 완성을 위한 작업이었다. 평화누리길과 경기 둘레길은 구간도 비슷하고 인증 장소도 가까이 있다. 그러나 인증은 별개다. 주관 부서가 다르기 때문이다.

전산화 초창기, 부서마다 따로 프로그램을 만들었다. 이후 상호운용성과 호환성이 강조되며 통합이 이뤄졌다. 휴대전화 번호도 011부터 019까지 다양했지만, 지금은 모두 010으로 통일됐다. 그런데 걷기 인증 시스템은 여전히 제각각이다. 어떤 건 블로그로도 인증이 되고, 어떤 건 되지 않는다.

같은 부서에서 운영하는데 해파랑길은 블로그를 인정해 주더니,

DMZ 평화의 길은 인정하지 않는다. 연습 삼아 몇 구간을 다시 가봤더니 인증 장소도 기존 길과 다르고, 세부 구간도 달랐다. 그렇다고 해도 옛 상품은 할인해 주고, 신상품은 할인해 주지 않는 상업적 목적 같다는 생각이 든다.

DMZ 평화의 길 인증, 누구의 기준인가?

예전에는 아전이 권력이었고, 산에는 산적이, 바다에는 해적이 있었다. 어떤 나라는 공항에서 공공연히 돈을 요구하고, 어떤 나라에서는 군인이 통행세를 받는다. 지금 우리에겐 인증이라는 이름의 제도가 길 위에 존재한다.

나는 이미 경기도와 강원도의 평화누리길을 서쪽에서 동쪽으로, 통일부 주관 행사를 통해 동쪽에서 서쪽으로 모두 걸었다. 그 모든 과정은 블로그에 기록돼 있다. 그럼에도 "다시 걸어야 한다"라며 인증을 해주지 않는다.

어디를, 어떻게, 누구의 기준에 따라 걸었는지에 따라 완주로 인정받기도 하고, 안 되기도 한다. 길 위의 경험은 내 것이지만, 인증의 권한은 남에게 있다. 그래서 길에도 권력이 있다. 그 권력이 더 유연하고 넓게 작동하길 바란다.

덧붙이는 이야기

경기 둘레길을 걷고 완주 도장을 찍고 있으니, 지나가던 할머니 한 분이 물으신다. "왜 도장을 찍어요?" "할머니! 학교 다닐 때 개근상 받으면 기분 좋잖아요?" 내 대답에 할머니는 웃으며 고개를 끄덕이고 그냥 가신다.

나도 처음엔 그런 인증에 별 관심이 없었다. 그냥 걷는 게 좋았고, 기록은 나를 위한 것이었다. 어느 순간부터 완주증이 하나둘 생기며 그 자체가 기념물이 된다는 걸 느꼈다. 그리고 인증 제도가 있으면 목표도 생긴다. 지금은 걷는 길마다 인증 장소를 확인하고, 도장을 챙기며 걷는다. 요즘은 아내가 더 챙긴다.

그런 마음의 변화도 길 위의 경험이다.

길 따라 걷던 발걸음이, 이제 마을의 골목으로 스며든다. 바람결에 이름조차 생소한 마을이 스쳐 가고, 마을회관 앞 평상에서 햇볕을 쬐는 노인들 입에서 흘러나오는 말씨는 어릴 적 귀에 익던 토박이말이다.

걸으며 남긴 기록들은 뱃사람이 갯가를 돌며 적어 내려간 항해일지처럼 한 장씩 쌓였다. 나는 바다에서 청춘을 보냈고, 육지로 돌아온 지금도 여전히 갯가를 돌고 있었다. 시군별로 국토 순례를 연재하기 시작했다. 이때는 '한 시군, 한 편의 글'을 썼다. 걷기와 글쓰기가 어느새 나를 묶어두는 두 가닥의 밧줄이 된 셈이다.

'마을 따라'는 바로 그 변화를 품은 시기였다. 시간으로는 2024년 후반, 장소로는 경상남도와 전라남북도의 남파랑길과 서해랑길이 중심이었다 바닷바람을 맞으며 걷고, 그 바람 속에서 마을의 이야기를 건져 올렸다. 한 걸음, 한 마을, 한 문장이 모여 오늘의 이 책이 되었다.

철원
연천
화천
양구
고성
포천
인제
속초
동두천
춘천
양양
파주
영주
가평
홍천
강릉
강화
김포
고양
남양주
횡성
평창
동해
서울
인천
양평
원주
정선
삼척
울릉
독도
화성
수원
용인
이천
여주
제천
단양
태백
평택
안성
충주
봉화
울진
당진
아산
천안
진천
괴산
음성
영주
영양
태안
서산
예산
문경
예천
안동
홍성
청주
보은
상주
의성
청송
영덕
청양
공주
세종
옥천
영동
구미
군위
영천
포항
보령
부여
대전
논산
금산
김천
칠곡
성주
대구
경산
경주
서천
익산
완주
무주
진안
거창
고령
청도
울산
군산
김제
전주
장수
함양
합천
창녕
밀양
양산
부안
정읍
임실
남원
의령
함안
김해
부산
고창
순창
담양
곡성
구례
산청
진주
창원
장성
광주
영광
화순
순천
하동
사천
고성
함평
나주
여수
남해
거제
무안
영암
보성
진도
해남
강진
장흥
고흥
제주

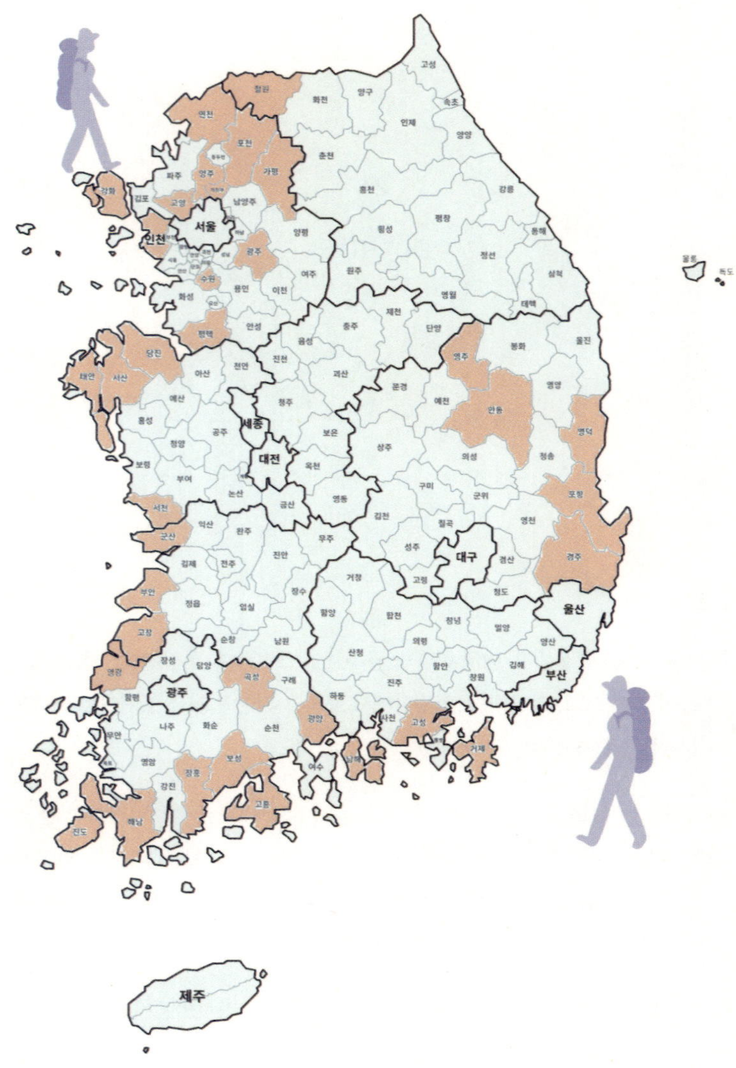

2부. 마을따라

거제도, 자연과 역사가 어우러진 10경

유명한 관광지는 첫째, 금강산과 해금강 등 수려한 자연유산으로 이는 인위적으로 어찌할 수 없는 것이다. 둘째로 인간이 만든 유적지로써 만리장성, 타지마할, 불국사 등이다. 규모가 큰 문화유산은 개인보다는 권력자가 만들 수 있다.

전투 유적도 사람이 만든 유적이다. 옥포해전 등 이순신의 초기 전투와 원균의 칠천량 해전은 거제에서 일어났다. 이처럼 거제도는 두 가지 요소를 모두 갖춘 '거제 9경'을 가지고 있다. 그리고 9가지 맛을 뜻하는 9미(九味)와 특산품 9품(九品)을 자랑한다. 내가 둔덕기성을 10경으로 포함했다.

열정으로 빚은 명소들, 거제도의 특별한 이야기

거제도는 개인의 열정으로 만들어진 독특한 명소들로 가득하다. 매미성의 고대 성채 같은 매력, 외도 보타니아의 이국적인 정원, 바람의 언덕에서 바라보는 탁 트인 풍경은 각각 고유의 이야기를 품고 있다. 이러한 명소들은 거제도의 자연과 인간의 조화로운 공존을 보여주는 사례다.

매미성은 2003년 태풍 '매미'로 피해를 본 한 개인이 자신의 땅을 보호하기 위해 쌓은 성이다. 아직 규모는 크지 않으나 고대 성채처럼 벽돌과 돌을 쌓아 올리고, 성곽과 나무가 조화를 이룬 새로운 관광명소다. 그리고 아직도 진행형이다. 마을 입구와 아래 대금마을에는 오래된 보호수가 있어 더욱 운치를 더한다.

2024년 4월 24일 남파랑길을 걸으면서 갔을 때, 주인이 열심히 성을 가꾸는 중이었다. 아내가 입구 가게에서 커피를 사서 격려하러 갔다. 커피점 주인에게 "이런 관광명소는 시에서 지원해 줘야 하지 않을까요?"
하고 물었다.

가게 주인에 따르면 거제도에는 외도를 포함해 개인이 직접 만든 명
소가 많아 시에서 특정 개인을 지원하기는 어렵다고 한다. 이곳 말고도
자연이 아름다운 관광명소가 많고, 조선소 등으로 재정을 확보하는 곳
이 많아 관에서 일일이 신경 쓰기는 어려운 것 같다.

외도 보타니아도 개인이 만든 대표적인 관광명소다. 1970년대 개인
이 섬을 사들인 뒤, 수십 년에 걸쳐 정원을 가꾸어 해상 식물원을 만들
었다. 이 밖에도 바람의 언덕과 신선대가 있다. 바람의 언덕과 신선대,
외도 보타니아는 거제 9경에 포함된다.

바다 위 붉은 성채, 둔덕기성의 일몰

해발 326미터 우봉산에 위치한 둔덕기성은 남해 방어를 위해 7세기
무렵에 쌓은 성이다. 부산 기장산성이나 남해 대국산성, 임진성과 비슷
한 시기에 축조된 것으로 보인다. 이곳이 더욱 의미 있는 것은 고려 의
종의 비극적인 역사를 품은 장소로, 폐왕성이라는 이름이다. 또 유명한
것이 무기가 떨어졌을 때를 대비하여 바다에서 가져와 성안에 쌓아둔
몽돌이다. 방어와 항전의 의지를 상징한다.

둔덕면에서는 의종을 기리는 제사가 매년 열린다. 1960년대와 1970
년대 군사정권 시기, 새마을운동과 함께 미신 척결을 이유로 제사가 중
단된 적이 있다. 2008년에 거제 수목 문화클럽의 주도로 제례가 복원되
었고, 현재는 거제시와 지역사회의 지원으로 매년 행사가 이어지고 있

다. 또한 고려시대의 조리법을 반영한 떡, 탕, 조림 등 전통 음식을 재현하여 전해오는 것으로 알려져 있다.

성곽에서 바라보는 일몰과 다도해의 경치는 마치 숨겨진 보물을 발견한 듯한 감동을 선사하여, 거제 10경으로 지정했다. 내리막길을 걸을 때 무릎이 아플까 봐 이곳을 오르는 것을 포기할 뻔했다. 4월에 둔덕면 내평마을에서 본 산이 너무 높아 보였기 때문이다. 다행히 거제에 사는 지인 하준명 씨가 차로 갈 수 있다며 데려다주었다.

그러나 여기가 유명한 관광지가 되면 자연이 훼손될 것 같다는 생각이 든다. 길을 크게 넓히지 말고, 지금 1차선 임도에서 조금만 더 넓혀서 일방통행으로 하면 될 것이다. 물론 성곽 주변도 훼손되지 않도록 세심한 준비가 필요하겠다.

숨어있는 비경 공곳이 해안은 남파랑길 21구간에 있는데, 길은 마을 해안을 지나지 않고 산길로 이어진다. 새로 조성된 천주교 순례길을 따라가면, 해안과 옛 마을, 몽돌 해변, 돌탑, 그리고 오래된 나무를 감상할 수 있다. 형수와 시동생이 마을 양 끝에서 음료수를 팔며 방문객을 반갑게 맞이한다. 한 가족이 머물만한 시설도 있으니, 가족 단위로 조용하고 아름다운 휴양소다.

덧붙이는 글: 다른 도시에서는 향교 등 문화유적이 문이 닫혀서 담장 안을 기웃거리다 돌아오는 경우가 많다. 여기 거제는 "주말은 상시근무자가 없습니다. 문 열고 구경하시고 꼭 닫아주고 가십시오"라는 팻말이 붙어 있다. 관광 행정 본보기라 할 수 있다.

고성, 남해 보루의 역사와 풍경

우리나라에는 '고성'이라는 이름을 가진 곳이 세 군데 있다. 두 곳은 북한과 강원도에 걸쳐 있는 고성(高城), 다른 한 곳은 경남 고성(固城)이다. 경남 고성은 '견고한 성'이라는 뜻을 가지며, 역사적으로 해안 지역 방어와 관련된 이름일 가능성이 높다.

이 지역은 가야 시대부터 중요한 지역으로, 이를 뒷받침하는 유적 중

하나가 바로 송학리 고분군이다. 7기의 고분이 밀집된 이곳은 고대 가야 지배층의 무덤으로 추정되며, 고성이 당시 정치·군사적 주요 거점 중 하나였음을 보여준다.

향교는 일반적으로 행정 단위가 있는 큰 마을에 세워진다. 따라서 향교가 옮겨 다닌 기록을 통해 고성군의 역사적 변천을 엿볼 수 있다. 고종 7년(1870)에 읍치소가 고성에서 춘원면 통제영으로 옮겨짐에 따라 향교도 이동하였다. 이후 고종 9년(1872)에 읍치소가 다시 고성으로 돌아오면서 향교 역시 1875년에 현재 위치로 옮겨졌다.

구구연화봉으로 불리는 와룡산

와룡산은 이름처럼 거대한 용이 누워 있는 모습을 하고 있다. 이 산은 고성을 병풍처럼 감싸고 있으며, 높고 낮은 봉우리가 아흔아홉 개나 형성되어 있어 '구구연화봉'이라고도 불린다. 하이면에서 만난 주민은 구들장 산지였던 과거를 떠올리며, 1미터가 부족한 것을 아쉬워하는 모습을 보였다. 와룡산이 800미터에서 1미터가 부족하여 100대 명산에 못 들어간단다. 이 모습은 웨일스 지방을 배경으로 한 영화 '언덕을 넘어간 남자, 산이 되어 돌아온 남자'를 떠올리게 한다.

원작이 The Englishman Who Went Up a Hill But Came Down a Mountain이라는 영화다. 웨일스 지방 작은 마을에 잉글랜드 측량기사가 와서는, 뒷산이 언덕이라고 하는 얘기를 우연히 마을 주민이 듣는다. 언덕(hill)과 산(mountain)의 기준은 304.8미터(1,000피트)인데 약 6미터(20피트)가 부족했다. 마을 사람들이 다양한 방법으로 측량기사의 발을 묶어 놓고, 밤에 언덕에 올라가 산을 쌓는 줄거리다. 고향 사랑은 나라 사랑과 같다. 부대에서 장병들에게 이 영화를 보여줬다.

상족암

상족암 군립공원

고성에는 독특한 이름을 가진 마을과 바위들이 많다. '입암마을'은 '선바위'를 한문으로 옮긴 이름이다. 마을 주민에게 길옆에 있는 바위가 선바위냐고 묻자, '맥전마을' 쪽에 있다고 알려주었다. 맥전마을은 보리밭이 많은 갯마을이라 '보리개'로 불려 왔는데, 한문으로 바꿨다. 이 마을은 고성군의 명소 중 하나인 상족암 군립공원 입구에 있다.

상족암(床足岩)은 상다리를 닮아 붙여진 이름으로, 공룡 발자국으로 유명하다. 상족암의 거대한 바위는 공룡 다리를 연상시키며, 공룡 발자국과 함께 지역의 상징으로 자리 잡았다. 주변에 '코끼리 바위'가 있으니 '상족(象足)', 즉 코끼리 다리라는 이름도 어울린다. 안쪽으로 들어가면 선녀탕 전설을 가진 조그만 돌 웅덩이도 있다.

사자바위 왼쪽과 오른쪽 모습

관광 안내도에 '촛대바위'로 표시된 위치의 바위 모습을 멀리서 보고는 사자바위로 바꾸는 것이 좋겠다고 생각했다. 그러나 촛대바위는 사자바위 앞, 바닷가에 있었으며, 이름 그대로의 모습을 하고 있다. 사자바위는 좌우에서 모두 사자처럼 보이며, 옆에는 '새끼 사자바위'라고 불러도 될 만한 작은 바위도 있다. 이러한 이름을 잘 활용하면 고성의 관광자원을 더 살릴 수 있을 것이다.

학동마을과 월흥마을

하일면 학림리 학동마을 입구에는 '최우순 순의비'가 크게 서 있다. 일제가 전국적으로 명망이 있는 사람 27명을 선정하여 은사금으로 회유하였다. 최우순 선생은 날이 밝으면 찾아가겠다고 일본 헌병을 보내고

학동마을

나서, 독약을 마시고 순절하며 이를 거부하셨다. "동방에는 왜인들이 살고 있는 나라니, 나의 후손들은 사립문을 서방 쪽으로 내라"는 유서를 남기셨다. 그의 희생은 오늘날에도 애국애족의 본보기가 되고 있다.

이 마을에는 최씨 종가와 최필간 고택 등 몇 채의 고택이 남아 있으며 민박 체험을 운영하고 있다. 학동마을 돌담길은 등록문화재로 지정된 전국 10곳 중 하나로, 제주 애월읍 하가리, 담양 삼지내(천) 마을, 강진 병영성 등과 함께 한국의 전통을 간직하고 있다. 나의 여행 목록에 담장이 추가 되었다.

하이면 월흥마을 멀리 큰길에 월흥대장군과 월흥여장군이 서 있다. 풍수지리는 잘 모르지만, 산을 등지고, 너른 벌판을 앞에 두고, 저수지까지 낀 넉넉하고 아름다운 시골 마을 풍경이다.

날은 어둡고 내리막길이라 아쉬운 마음으로 지나쳤다가, 다음 날 다시 찾는다. 주민이 농구 선수 박수교, ㅇㅇ경찰청장, 대전에서 뼈 수술 잘 한다는 병원 원장이 이 동네 출신이라고 자랑한다. 장승은 저녁에, 마을은 다음 날 아침에 찍었다.

경남 고성은 공룡 발자국, 역사적 유산과 자연경관을 가진 곳으로써 많은 사람들에게 사랑받고 있다. 이러한 자원을 활용한 관광 활성화가 지역의 새로운 도약으로 이어질 수 있을 것이다.

덧붙이는 글: 하이면사무소가 있는 마을에는 식당이 많이 있을 줄 알았다. 그래서 마을 입구 남파랑 식당을 지나쳤다. 면사무소 주변 식당은 문을 닫고 장모님 치킨집만 영업 중인데, 여주인이 나를 알아본다. 맥전마을 배달 다녀오면서 낑낑거리며 자전거를 끌고 오르막을 오르는 나의 모습을 봤단다. 나중에 이 기사를 보내줬다.

고흥, 바다에서 흥했고 하늘에서도 흥할 고을

어렸을 때 신작로에 먼지를 풀풀 날리며 순천-녹동 간을 달리는 버스를 보며 컸다. 고흥은 어딘지 몰라도 녹동은 크면 한번 가보고 싶은 궁금한 곳이었다. 도양읍 녹동이 속한 고흥군은 1285년부터 부른 이름이며, 1441년에 흥양으로, 1914년에 다시 고흥이 된다. 흥양(興陽)과 고흥(高興) 모두 '흥'자를 쓴다.

바다에서 흥했고, 하늘(高)에서도 흥한 고흥(高興)에서 임진왜란 발자취를 따라 걷는다. 바다에서 흥했다함은 임진왜란을 승리로 이끈 전라좌수영 중에서도 핵심 지역이라 내가 붙인 이름이다. 하늘에서 흥했다함은 우리의 힘을 높은 하늘로 올리는 '나로우주센터'가 있기 때문이다. 음(陰)이 땅이고 양(陽)이 하늘이라면, 옛 이름 흥양도 하늘과 통한 지역이 된다. 한반도가 흥하는 것은 통일이 아닐까?

임진왜란 승리의 주역인 전라 좌수사 관할 구역은 순천도호부(종3품), 낙안군과 보성군(종4품), 광양현과 흥양현(종6품)으로 이루어진 5관이다. 무관으로 임명하던 5포는 군진(軍陣)으로써 여수에 방답진 첨

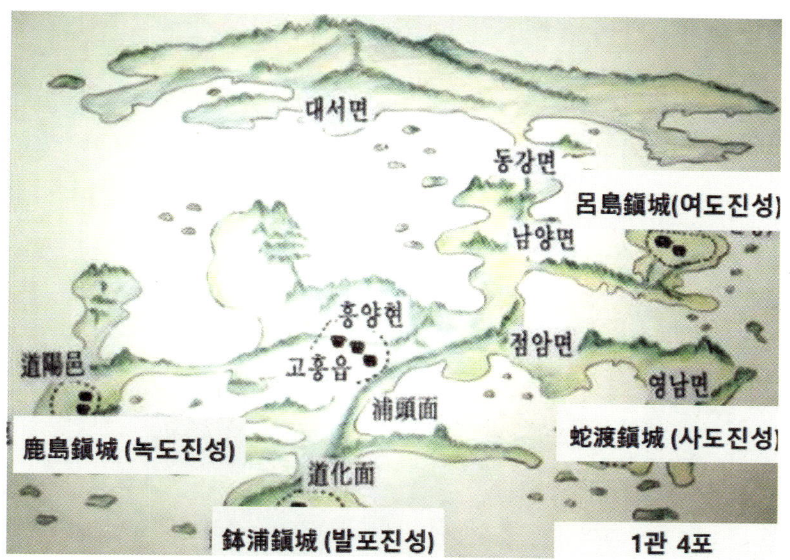

사진 설명; 고흥 1관 4포(출처: 오마이뉴스)

사(종3품) 1곳을 제외하고, 고흥에 사도첨사(종3품), 여도, 녹도, 발포만호(종4품)가 있었다. 5관 5포 가운데 1관 4포가 고흥에 있었다. 그래서 임진왜란이 일어난 1592년 당포, 사천포, 한산도, 부산포 해전 전사상자 211명 중 62%인 131명이 고흥지역 수군이다.

고흥의 사도 첨사진과 3개 만호진

홍양현인 고흥읍에는 현감이 정무를 보던 존심당과 출입문인 아문이 있다. 구한말 총리대신 김홍집이 34살 때 현감으로 이곳 존심당에서 근무하였다. 바다로 통하는 개천에 두 개의 홍문(무지개다리)이 있는데, 용 형상이 있다. 옥하리 홍교는 다리 밑에 있고, 서문리 홍교는 다리 좌우에 용 머리와 용 꼬리가 있다. 길을 안내하던 후배가 용이 있다는 사실을 나에게 듣고는, 다짜고짜 다리 밑으로 내려가서 사진을 찍는다. 용감한 후배 덕분에 용 사진을 건졌다.

존심당과 홍교

고흥에 있는 사도, 여도, 녹도, 발포진 중에서 옛 이름을 그대로 간직한 곳은 사도와 발포다. 여도는 여호항이 되고, 녹도는 녹동항이 되었다. 다만 녹동 앞 소록도라는 섬이 녹도 이름을 지키고 있다. 여도는 성의 흔적이 남아 있으며, 늦게나마 성곽의 모습을 일부 복원한 곳은 발포와 녹도다.

발포는 마을 앞 포구가 스님 밥그릇인 발우와 비슷하게 생긴 데서 유래한다. 이순신 장군은 36살에 발포만호로 근무했다. 상관인 전라 좌수사가 오동나무를 베서 보내라는 것을 "나라 재산을 사사로이 사용할 수 없다"라고 거절하였다. 이곳에서 근무하면서 쌓은 수군과 지리적 경험은 뒷날 임진왜란 때 승리의 동력이 된다.

바닷가에는 송 씨 열녀 동상이 있는데, 황정록 발포만호가 칠천량 해전에서 전사하자 부인이 바다에 몸을 던져서 자결하였다. 남편에 대한 사랑일까? 왜적의 보복에 대한 두려움일까? 발포에 특히 애착이 가는 것은 이순신 장군이 근무했던 곳이고, 내가 해군사관학교 발포 중대 출신이라서 그런 것 같다.

발포항에는 이순신 장군을 추모하기 위해 관아 터 뒤편에 충무사가 있고, 성이 일부 복구되었다. 주민이 어렸을 때는 흙성이었다고 한다. 발포항 수문장 역할을 하였고, "활개 치듯 한다"하여 붙여진 활개 바위가 있다. 어부에게 물어보니 배를 타고 가야 한다고 해서 포기하였는데, 충무사 관리인이 방파제에서 보인다고 하여, 멀리서나마 볼 수 있었다.

송씨 열녀 동상과 활개 바위

땅 이름뿐만 아니라 성도 같이 남아 있어야 금상첨화이다. 여도에서 골목을 돌면서 만나는 주민들에게 성을 물었더니, 자기 집이 옛날 성안이라고 한다. 그런데 성벽이 어디에 얼마나 남아 있는지는 모른다. 단단한 돌로 쌓은 성도 흔적이 거의 없다. 산과 골목을 헤매다 포기하고, 부두에서 산을 올려다보니 성벽 흔적이 조금 보인다. 아내가 용감하게 어느 집 마당을 통과하여 성 흔적을 사진기에 담았다.

여도항과 여도성터

정3품 전라 좌수사가 있던 여수가 주진이고, 다음 큰 거진이었던 사도는 첨사가 지키던 중요한 진임에도 안내판만 달랑 서 있다. 주민에게 물어보니 해창만을 메우는 잡석으로 썼다. 바다에서 오는 적을 막는 성벽이 바다를 막는 데 쓰였다니, 성 돌을 빼어 집 담장을 쌓는 것보다 더 가슴 아픈 일이다. 중간에 나라가 없어졌으니 돌인들 온전했겠는가? 뒷산 봉화대도 터만 남아 있다고 한다.

사도(蛇渡)의 '도' 자는 섬 '도(島)' 자가 아니고 건널 '도' 자이다. 사도 마을 뒷산과 성 모습이 뱀 머리처럼 보이고, 바로 앞에는 개구리처럼 보이는 와도가 있다. 그래서 개구리를 넘보는 사도 혹은 사두(머리)라고 불렀다.

이름만 남아 있는 사도, 사도 앞에 있는 와도

녹도 성을 복원한 것은 어업과 상업 중심지이고, 두 분의 유명한 장군을 모신 쌍충사 때문일 것이다. 임란 5년 전 손죽도에 쳐들어온 왜적과 싸우다 순절한 충렬공 이대원 장군을 모셨다. 이순신 장군 오른팔이던 충장공 정운 장군을 추가로 모시면서 두 충신을 모신 쌍충사(雙忠祠)가 되었다. 전투에서 용감하게 죽어서 이름을 더 날리고, 그 이름 때문에 성도 되살아났다.

이 밖에도 고흥에는 이순신 장군과 당포해전, 옥포해전에 참전하고, 제2차 진주성 전투 때 공을 세운 진무성 장군 영정을 모신 무열사가 있

다. 수시로 왜적이 침입했던 시절에는 바다가 편안해야 나라가 흥했다. 이제는 고흥이 대한민국을 하늘에서 흥하게 하는 역할을 톡톡히 하기를 기대한다. 그리고 한반도가 흥해지기 위해서는 통일이 되야 하지 않을까?

고흥에 가면 쑥섬과 연홍도를 반드시 가볼 것을 추천한다. 쑥섬은 무덤이 하나도 없는 상태에서 자연을 잘 활용하고, 섬 전체가 박물관인 연홍도는 조각품을 조금 늘리면 좋겠다.

곡성, 금계리는 지금 행복합니다

2024년 12월 곡성 여행은 이전과 두 가지 점에서 크게 달랐다. 첫째, 금계리 통명 마을에 귀향한 친구 집에서 머물면서, 걷거나 대중교통을 이용하지 않고 친구 승용차로 둘러보았다. 둘째, 처음으로 챗지피티에서 추천받은 장소들로 여행 일정을 짰다. 장소가 인근 다른 군에 있거나, 주민들도 잘 모른다. 덕분에 꿩 대신 닭을 잡는다는 속담처럼, 계획에 없던 상징적인 몇 곳을 볼 수 있었다.

금계리 용계 마을 등 곡성에는 닭과 관련된 이름을 가진 마을이 많다. 이곳 금계리는 풍수지리에서 금계포란형의 길지로 알려져 있다. 뒷산인 표명산에는 운목재가 있고, 마을 앞쪽 멀리에는 바람재가 있다. 바람은 양쪽 재를 넘어서 마을 바깥쪽에서만 분다고 하니 길지가 분명하다. 아래 당산이 풍수적으로 금계포란의 중심이며, 위 당산과 아래 당산 느티나무는 각각 200년 이상의 역사를 자랑한다. 대체로 마을의 역사와도 일치한다.

금계리는 한 사람이 마을을 변화시킬 수 있다는 것을 보여주는 대표적인 사례다. 마을에서 가장 젊은이인 친구는 할아버지 서당터에 일월당과 명명제를 지어서 사무실로 쓰고 있다. 그는 동네 어른들과 함께 솟대를 만들어 마을 곳곳에 세웠다. 동네 입구에 솟대를 연결한 허수아비가 방문객을 반기며, 평소에 상극인 닭과 지네바위가 돌이 되어서는 가까이 있다. 동네와 사람들의 이야기를 몇 권의 책과 화보로 담아냈고, 그 책 이름이 '금계리는 지금 행복합니다.'이다.

구시둠벙과 각시둠벙, 실겻도랑 등 저수지와 도랑 이름도 재미있고, 닷마지기, 삿갓배미, 진배미 등 논은 이름만 들어도 크기가 그려진다. 돌탑은 마을에서 부르던 도탑으로 했고, 우물도 복원하여 지붕에 '상선약수'라는 표지를 달았다. 친구 집은 '쉬고 논다'는 뜻의 '휴유당(休遊堂)'이라는 이름을 붙였다.

600년 된 은행나무를 찾아 나섰지만, 주민들이 그 위치를 알지 못했다. 혹시 외갓집 체험 마을이 아닐까 해서 두계마을을 방문했다. 이곳에는 고목이 있었지만, 우리가 찾던 은행나무는 아니었다. 마을 입구 아래 당산에는 이정표보다는 종교적 의미로 보이는 큰 돌탑 두 개가 있다. 특히 이곳에는 다른 곳에서 찾기 힘든 300년이 넘은 물버들나무를 포함하여 세 곳에 오래된 보호수가 마을과 함께하고 있다. 영화 '곡성'을 만든 나홍진 감독이 어린 시절 외갓집 이모 밑에서 컸다고 하는데, 혹시 이 마을인가 해서 확인하니, 오곡면 오지리라고 한다.

마을 입구 아래 당산나무와 돌탑, 물버들나무

600년 된 은행나무를 찾지 못한 채 돌아가던 중, 고달리 마을 입구에서 우람한 자태를 뽐내는 느티나무를 발견했다. 600년이 넘은 이 나무는 마을 앞을 지키는 수호신 역할을 하고 있다. 아내는 나무를 안아보며 감탄을 금치 못했다. 어린 시절 당산나무에 올라가 놀던 기억이 떠올랐지만, 이 나무는 너무 커서 동네 아이들이 감히 오를 엄두를 내지 못했을 것 같다.

곡성에서는 쇠쟁이 마을(송정마을) 옛터를 심청 고향으로 추정하고 심청 한옥마을을 만들어 효문화 체험장으로 활용하고 있다. 마천목 장군과 도깨비 전설이 전해지고 있는 호곡(범실) 마을은 호랑이와 관련된 이름이다. 여기 도깨비 체험관은 아이들의 호기심과 상상력을 자극하는 체험학습장으로 인기가 있다고 한다. 체험관이 쉬는 날이라 돌아오면서, 손주 바라기인 아내는 다음에 손주와 함께 오자고 한다.

어렸을 때 칠흑같이 어두운 시골에서 반짝이는 불빛을 도깨비불이라 생각하며 자랐다. 도깨비가 씨름을 걸면 왼발잡이인 도깨비를 조심해야 한다거나, 오래된 빗자루가 도깨비가 된다는 이야기를 들었다. 서양에서도 마녀가 빗자루를 타고 다니며, 구약성서에서는 야곱이 씨름에서 승리해 이스라엘이라는 이름을 얻었다. 이처럼 도깨비는 동서양을 막론하고 씨름이나 빗자루 등 공통적인 문화적 요소로 자리 잡고 있음을 알 수 있다.

옥과 대장간 마을을 찾으려다 신흥마을을 둘러보게 되었다. 이곳은 여성 이장이 마을을 아기자기하게 꾸미고 있었는데, 마을 입구 '신흥상회'는 작은 마을 기념관 역할을 하고 있었다. 내가 다녀온 다음에 올해 '좋은 이웃 밝은 동네' 으뜸상으로 선정되었다는 소식을 들었다.

이처럼 곡성의 마을들은 오랜 세월 동안 주민들의 삶과 함께해온 저마다의 이야기와 전통을 통해 독특한 매력을 뽐내

고 있었다. 금계포란형 풍수지리와 친구의 헌신, 그리고 서민의 삶과 마
을 문화가 어우러진 곡성을 만끽할 수 있었다.

광양, 빛과 볕의 도시

아사달은 '아사+달'이다. '아사'는 지금도 일본에서 아침으로 쓰고 있다. '달'은 양달, 음달할 때 땅이다. 카자흐스탄 수도는 '아사타나'다. 나는 '타나'는 땅이라고 생각하므로, 아사타나는 아사달이다. 고유명사가 아니고 빛이 잘 들어오는 양달이란 보통명사이다.

광양(光陽)은 빛과 볕이라는 비슷한 말이 두 번이나 들어간다. '아사+아사'이고 빛(태양)+볕(태양)이다. 이런 이름은 해양(海洋)과 육지(陸地) 등에서 볼 수 있다. 빛과 볕의 도시 광양에 쇠 금(金)자가 들어가는, 쇠섬이라고 부르던 금호도에 제철소가 들어섰다. 땅과 마을 이름값을 톡톡히 하는 선견지명이 있는 이름이다. 광양제철소는 여수화학과 더불어 전라도에서 유일하게 인구가 늘어나게 하는 효자 역할을 톡톡히 하고 있다.

광양은 바다를 끼고 있어 전라좌수영을 구성하는 5관이다. 광양현감 어영담은 물길에 밝아서 임진왜란 승리에 많은 공을 세웠다. 충무공 이순신의 난중일기 내용과 장계에 어영담 현감에 대한 신임을 알 수 있다.

"비가 쏟아졌다. 어 조방장(어영담)이 세상을 떠났다. 애통함을 어찌 다 말하랴."

광양에는 전라남도에서 가장 높은 1,222미터의 백운산이 우뚝 솟아 있다. 백운산은 백두대간 정기가 지리산에서 백운산으로 이어지는 호남 정맥이라서 인물이 많이 난다고 한다. 지리산에서 호남정맥이 시작하고 소화산(장수)-마이산(진안)-만덕산(완주)-내장산(정읍)-추월산(담양)-강천산(담양)-무등산(광주)-제암산(장흥)-조계산(순천)-백운산(광양)을 거쳐 망덕산(광양)에서 끝을 맺는다.

백운산 정기를 받은 인재(人才)에 대한 3개의 정기에 관한 얘기가 내려온다. 벼슬을 뜻하는 봉황 정기와 지혜를 뜻하는 여우 정기는 이미 나왔다고 한다.

그런 이유에서인지 고등학교 다닐 때, 광양이 인구 비율로 따지면, 장·차관과 사무관 비율이 전국에서 제일 높다는 말을 들었다. 진위는 확인할 수 없지만, 인물 자랑하지 말라는 순천 사람들도 최소한 광양에서 인물이 많이 나온 것을 인정했다는 의미이다.

재물을 뜻하는 돼지 정기는 아직 나오지 않았다고 하는데, 지역과 나라의 효자 산업인 광양 제철이 돼지 정기라고 한다면 마을 이름에 더하여 신통방통한 풍수지리다.

광양은 섬진강을 따라 하동과 마주 보고 있다. 화개장터는 하동과 구례 사람이 장을 보는 얘기를 하는데, 전체적으로 섬진강을 두고 하동과 접하는 지역은 광양이다. 순천까지 몇십 리 길을 걷기보다는 배를 타고 강만 건너면 하동이다. 지금은 다리가 놓여있어 광양시 진월면과 하동은 같은 생활권이고, 하동 택시가 광양에서 운행한다. 반면에 광양에서 순천에 가려면 버스를 갈아타고 가야 할 정도로 대중교통이 불편하다.

그래서인지 광양 억양은 경상도 억양과 비슷하다. 광양 친구에게 경상도 억양으로 '광양 넘어갈래? "하는 것이 헤어질 때 인사 겸 약간의 놀림이었다. 광양은 말의 억양처럼 억세고 생활력이 강하다는 평이 있다. '고추 서말을 지고 개펄을 30리 기어서 간다'라는 말이 대표적이다. 광양 사람들이 나무가 많은 백운산에서 땔감을 만들어 광양과 순천보다 높은 값을 쳐주는 벌교에 가서 팔았다. 그 돈으로 고춧가루를 사서 돌아오면서, 통행세를 아끼기 위해 진치재 등 길을 피하여 바닷가 개펄로 걸어간 것에서 유래한다는 해석이 있다. 한편으로 광양 사람이 몸에 사는 '이 스무 마리를 몰고 하동장까지 간다'는 말도 있다.

오래된 마을에는 오래된 나무가 있어야 제격이다. 광양에서 유당 근린공원과 인동 숲에는 매우 오래된 나무숲과 이팝나무가 있다. 두 곳은

조선 중종 때 광양 현감 박세후가 바람을 막는 용도와 풍수지리 차원에서 심었다. 그래서 광양읍을 상징하는 나무(광양 읍수)는 이팝나무다.

유당 공원에는 진주성 싸움에서 순절한 김천록 정려비, 광양민란 수반토평비외에도 많은 선정비와 영세불망비가 모아져 있다. 특히 일제 강점기에 개인 출세를 위해 일제에 협력한 사람의 비 앞에는 이들의 행적을 기록한 표지를 세웠다. 광양 시민은 현명하게도 비를 없애는 것보다 보존하면서도 이들의 위선을 고발하고 있다. 남파랑길 50구간에 있으니 혹여 일정에 쫓기어, 그냥 지나치지 말고 반드시 들러 이팝나무를 볼 것을 권한다.

백운산을 지나는 호남정맥은 물을 건너지 못하고 섬진강과 바다가 만나는 망덕에서 멈춘다. 망덕에는 아름다운 망덕포구, 임진왜란 때 배를 만들던 선소가 있고, 한마쪼리 전어배를 탄생시킨 김명수 씨의 얘기도 있다. 이곳은 중요한 보물이 숨겨져 있었다. 시인 윤동주 친구로서 윤동주가 남긴 유고를 보관하여 지켜냈던 정병욱 씨가 살던 집이 지금도 보존되어 있다. 마을 앞에는 500년 된 팽나무가 세월의 무게를 간신히 지

탱하고 있다. 친구 손준호가 하동에 자전거를 타고 마중 나와, 망덕에서
하룻밤 자고 갔다.

　망덕과 광양제철이 들어선 금호도와 마주한 태인도는 전우치 전설이
전해온다. 1983년 『광양군지』에 의하면 태인도(泰仁島)는 도술가 전우
치가 도술을 부려 이곳에 궁궐을 짓고 지방 수령의 탐학을 징계하고 빈
곤에 시달리는 백성을 구했다는 전설에 따라 전우치를 대인(大人)이라
하고 여기를 대인도라 불렀다. 대인도는 고려사 이후 대안도, 태안도(泰
安島)로 불려왔다. 전우치 얘기는 여기를 비롯해 금호, 광영, 골약 등 광
양 곳곳에 여러 가지 전설로 묻어서 전해지고 있다고 한다. 그렇다면 여
기가 홍길동의 율도국이나 중국의 양산박과 같은 곳이라고 할 수 있겠
다. 고산 윤선도가 79살에 광양 추동마을에서 2년 4개월 동안 유배 생활
한 사실은 잘 알려지지 않았다.

군산, 옥구 향교에서 배우고, 최치원 흔적을 따라

군산에서 본격적인 여행은 2021년 7월에 통일부 주관으로 걸었던 일행과 함께였다. 청암산과 군산 호수, 구불길을 걷고, 임피역 등을 방문했다. 청암산 3시간, 군산 호수 3시간 등 산책과 걷기에 매우 좋은 곳이다. 1년 뒤에는 군산에 남은 일본의 흔적을 별도로 여행했다.

2025년 6월에 군산을 통과하는 서해랑길은 시간상 가본 곳은 생략하는 일정을 짜면서 자연과 근대화 장소는 생략한다. 가보지 못한 곳을 찾는데, 옥산면 당북리에 있는 염의서원은 군산 지역과 관련된 일화를 갖고 있는 최치원과 군산 지역의 유학자인 고경과 고용현을 배향하고 있다. 그러나 대중교통이 불편하다.

다음은 군산과 별도의 행정 지역임을 증명하는 옥구읍 옥구향교와 임피면 임피향교다. 임피향교가 있는 임피면은 두 번이나 가보았고, 옥구읍은 처음이라서 옥구읍을 택한다. 버스에서 내려 2km쯤 걸어가면 된다.

버스에서 내려 상평 마을 입구에 옥구읍성 표지판이 나온다. 마을과 향교를 둘러싼 읍성을 보면, 과거에는 현감이 집무했던 장소도 여기라는 것을 알 수 있다. 곳곳에 남문 등 표지판이 있으나, 지나가는 할머니에게 물어봐도, 읍성에 대해서 잘 몰라서 읍성은 포기한다.

향교, 지금도 살아 있는 공부의 현장

옥구향교는 여느 향교와는 달랐다. 문화재로 보존만 되는 공간이 아니라 실제로 공부가 이루어지고 있는 현장이었다. 입구에는 차량이 여럿 주차되어 있었고, 명륜당 앞에 놓인 열 켤레 남짓한 신발은 그 생기를 보여주었다. 마침, 들려온 낭랑한 강의 소리에 이끌려 자연스럽게 자리에 앉아 수업에 참여했다.

선(善), 신(信), 미(美), 대(大), 성(聖), 신(神)으로 이어지는 이 단계를 통해 인간의 도덕적 완성 과정을 배웠다.

"(사람들이 그렇게 하고자) 바랄만한 것을 일러 선(善)이라 하고,

(선)이 자기 자신에게 (어느 정도) 있는 것을 신(信)이라 하고,

(선)이 가득 차 있는 것을 미(美)라 하고,

(선)이 가득 차서 빛을 발하는 것을 대(大)라 하고,

(대)이면서 (남들을) 변화를 시키는 것을 성(聖)이라 하고,

(성)이면서도 (남들이) 그를 알지 못하는 것을 일러 신(神)이라 한다."

배롱나무꽃이 유명한 향교

향교나 서원에는 보통 은행나무가 많다. 공자가 은행나무 아래에서 제자들을 가르쳤다는 데서 비롯된 '행단(杏壇)' 전통 때문이다. 하지만 이곳 옥구향교에는 은행나무 대신 배롱나무(백일홍)가 주목받는다. 7월 말이나 8월 초가 되면 전국의 사진작가들이 몰려든다고 한다. 배롱나무도 자미(북극)성을 상징해서 사대주의 산물일 수 있으나, 단군 성묘와 세종대왕 숭모비를 보면 반드시 그렇지도 않다.

단군 성묘, 자천대와 문창서원, 옥산서원 그리고 현충사

이곳에는 향교뿐 아니라 여러 유적이 함께 자리하고 있다. 먼저 건시문을 지나면 대성전 왼쪽에 단군 성묘가 자리를 잡고 있고, 그 반대편에는 세종대왕 숭모비가 우뚝하다. 향교 안에서 단군과 세종을 동시에 만나는 경험은 이채롭다.

문이 열려있어 사진을 찍을 수 있는 대성전과 단군 성묘

향교 왼쪽에는 자천대라는 누각이 있다. 본래는 선연리 바닷가 동산에 있었던 누각으로, 최치원이 세속을 피해 올라 책을 읽던 장소다. 지금의 자천대는 1967년에 다시 지어진 것이다. 안내문에 따르면, 최치원의 아버지는 신라 무관으로 내초도에 수군장으로 주둔 중 선생을 얻었

고, 어린 시절을 선연리에서 보낸 최치원이 바닷가 자천대에서 읽은 책 소리가 당나라 황제 귀에까지 들려 사신이 찾아왔다는 일화도 전해 진다.

자천대 뒤 문창서원은 최치원이 세상을 떠난 지 천년이 지난 뒤, 옥구 유림이 그의 시호인 문창후에서 이름을 따서 지은 서원이다. 바로 옆 옥 산서원에는 최치원과 이 지역 선현 14인을 배향하고 있다.

현충사는 1764년에 옥구읍 이곡리에 최치원, 조태채, 이건명을 모신 삼현사로 시작된 제단이다. 서원철폐령 이후 삼현단으로 바뀌었다가, 1927년 면암 최익현, 1946년 임병찬을 추가로 배향하며 현충단이 되었다.

현충사와 현충단

현충사는 2011년에 새로 지었으며, 그 앞으로 현충단을 이전하여 현 충사 앞에 현충단이 자리하고 있다. 현충사 바로 옆에는 세종대왕 숭모 비가 있다.

　군산 하면 흔히 근대 문화유산을 떠올리기 쉽지만, 옥구향교와 자천대, 서원, 현충사 등은 이 땅의 학문과 충절의 깊은 뿌리를 보여주는 또 다른 역사다. 특히 자천대, 문창서원, 옥산서원 세 곳에서 최치원을 기리고 있다.

남해, 논을 짊어진 여인들의 다랭이 마을

진도를 '보물섬'이라 썼더니, 독자 한 분이 남해가 보물섬이라 알려주셨다. 남해는 '남쪽 바다'라는 큰 이름을 차지한 데 이어, 이제는 '보물섬'이란 별칭까지 당당히 껴안고 있다. 그리고 모든 섬이 도(島)를 붙여서 이름이 완성되는데, 이곳은 그냥 남해라고 부른다.

들쭉날쭉(리아스식) 해안 때문에, 남해는 제주도보다도 해안선이 길다. 이런 지형을 잘 살려 만들어진 것이 '남해 바래길'이다. 걷기를 좋아하는 사람들을 유혹하는 이 길은 본선 16개, 지선 4개, 섬 지선 3개, 총 263km에 달한다. '남파랑길'도 포함하고 있고, 남파랑에서 빠진 남해 곳곳을 바래길이 담고 있다.

'바래'는 바닷물이 빠지는 때에 맞춰 갯벌에 나가 파래, 조개, 미역, 고둥 등을 손수 채취하는 남해의 향토 말이다. 살아가는 방식이 그대로 길의 이름이 된 셈이다.

남해는 일찌감치 육지와 연결됐다. 고등학교 시절, 친구들과 버스를 타고 남해 상주 해수욕장에 갔던 기억이 있다. 1986년 신혼여행 때는 남

해대교에 들러 다리를 관광했을 정도로 큰 다리였다. 남해는 유력 정치인의 힘으로 순천 선암사나 송광사 가는 길보다 먼저, 섬 곳곳이 포장되었다. 지금은 삼천포 대교와 노량대교까지 이어져 사통팔달, 어느 방향이든 쉽게 닿는 섬이 되었다.

10여 년 전, 남해 출신의 육군 선배를 처음 만났을 때 "고향이 순천입니다"라고 말했더니 "같은 고향이네!" 하며 반가워했다. 동서 지역 갈등이 조금은 남아 있던 시절, 진주나 사천이 아닌 순천을 고향이라 한 것이 의아했지만, 본격적으로 여행을 시작하면서 그 이유를 알게 됐다.

다리가 놓였다고는 해도, 버스가 다니지 않거나 운행 시간을 고려하면, 섬에서는 육지 쪽으로 나가는 데 여전히 배가 더 편하고 빨랐다. 예컨대 고흥의 동남쪽은 배를 타고 여수로 나갔고, 서쪽은 보성으로 향했다. 남해 사람들은 배를 타고 여수로 나가서 기차를 탔고, 다리가 놓이자, 순천으로 갔던 것이다.

여수와 가까운 환경 속에서 '남해 똥배'라는 말이 생겨났다. 지금은 관광지로 이름난 가천 다랭이마을은 남해에서 유일하게 항구가 없는 외진 마을이다. 남자들은 다른 마을로 돈을 벌러 나가고, 여자들은 집에

남해에서 보이는 여수

남아서, 머리에 돌을 이고 나르며 산비탈에 계단식 논을 일구었다.

논밭은 만들었지만, 비료가 없던 시절, 여수에서 배에다 똥을 실어와 거름으로 썼다. 남해 똥배 정신은 바로 이 억척스러운 생존의 기세를 말한다. 바래길 중 이 마을을 지나는 길 이름도 '다랭이 지겟길'이다. 지게는 더할 나위 없이 농사와 잘 어울리는 이름이다. 이 길을 지나면, 서쪽으로 여수를 바라보며 걷게 된다.

이 마을에는 해학과 애환이 배어 있는 '삿갓배미'라는 아주 작은 논에 대한 얘기가 내려온다. 어떤 농부가 일을 마치고 논 개수를 세다 보니 한 배미가 모자랐다. 찾다 찾다 포기하고 돌아서려는데, 벗어둔 삿갓 아래에 조그만 논 한 배미가 숨어있었다는 것이다. 산비탈 자투리땅 한 뼘도 허투루 넘기지 않고 논으로 바꾸며 살았던 애환이 고스란히 녹아 들어있는 해학적인 표현이다.

어렸을 적, 음식을 지푸라기에 싸서 문 앞에 두는 풍속이 있었다. 이 마을에서는 지금도 음력 10월 15일 동제를 지낸다고 한다. 제사에 올린 밥은 짐승이 건들지 못하도록 땅에 묻는다. 동네 가운데 자리한 '밥 무덤'이라 부르는 이 풍습은 지모신(地母神)에게 올리는 작은 정성이다. 좁은 논, 모자란 쌀. 그 가운데서도 풍요를 바라는 소박한 염원이 담겨 있다.

이 마을에는 또 암수 바위가 있다. 암바위는 '암미륵', 숫바위는 '숫미륵'이라 불린다. 숫미륵은 남성의 성기를 닮았고, 암미륵은 임신한 여인

마을 내려 가는 길과 밥 무덤

이 옆으로 누운 듯한 형상이다. 1751년, 남해 현령 조광진의 꿈에 노인이 나타나 "가천에 묻힌 내 몸을 꺼내 세워주면 좋은 일이 생길 것"이라 말한 뒤, 땅에서 파서 암수 바위를 미륵불로 봉안했다.

예전엔, 이 바위들이 '기도발'이 잘 받기로 유명해 아들을 얻기 위한 기도처로도 이름났다고 한다. 이 전설을 전하는 안내문을 읽던 중, 부모와 함께 온 젊은 처녀가 입을 삐죽거리며 불만을 표시한다. 아들 선호의 기복신앙은 지금의 눈으로 보면 분명 어색하다.

그럼에도 그 시대 사람들의 간절함이 깃든 바위 앞에서, 옛사람들의 삶과 믿음, 희망과 현실이 뒤엉킨 모습을 돌아보게 된다. 조그만 마을 하나가 많은 사연을 품고 있다. 관광과 농업, 예부터 살던 사람과 새로 들어온 사람이 섞이면 갈등이 일어날 수 있다. 공동체 정신으로 함께 잘 사는 마을이 되기를 바라며, 임진성길을 포함하여 두 길을 끝낸다.

보성, 벌교에서 주먹 자랑 하지 마라

어렸을 때 벌교는 집에서 10리 안팎 거리로써 할머니가 걸어서 장을 보러 가셨다. 할아버지는 여동생을 벌교 소화다리에서 주워 왔다고 놀리곤 하셨다. 초등학교 방학 때 나주에 사는 부모님을 만나러 구룡역에서 기차를 타면 첫 정거장이 벌교다. 외서 외갓집을 갈 때 벌교를 지나서 갔다.

내 고향이나 마찬가지인 벌교의 원래 이름은 벌판의 '벌'과 개펄의 '개'를 따서 '벌개'다. 여자만의 바닷물은 벌교 천을 타고 마을까지 들어왔다. 마을 양쪽을 오가기 위해 나무를 엮어 만든 뗏목다리가, 벌교라는 마을 이름이 되었다. 벌교는 지형과 사람들 기질로 인하여 상징적인 얘기가 많다.

벌교 꼬막

지형적으로 앞바다 쪽으로는 너른 여자만을 끼고 있고, 대표적인 해

산물이 벌교 꼬막이다. 가족이 순천에 모이는 날이면, 어머니가 살짝 데쳐 놓은 꼬막 한 소쿠리를 다 먹는다. '한턱낸다'라는 말도 꼬막 껍데기가 턱 밑에 쌓이도록 낸다는 말에서 유래했다고 한다. 벌교 자체는 논이 많지 않지만, 주변 보성, 순천과 화순으로 이어지는 너른 벌판이 있어 농산물이 풍족하다. 한때 가족 생계에 필수 장비였을 널배가 강가에 버려져 있거나, 길에 장식품으로 쓰이고 있다. 체험장에서 쓰는 널배는 나무가 아니고, 플라스틱이다.

벌교에서 주먹 자랑

전국적으로 유명해진 '벌교에서 주먹(힘) 자랑하지 말라'는 말에 대해서는 다양한 의견이 있다. 역사적으로는 19세기 말까지 낙안군수는 순천진관병마동첨절제사(順天鎭管兵馬同僉節制使)를 겸했다. 임경업 장군이 30대 초반에 낙안군수로 있

었고, 훈련받은 장정들의 기질이 이어져 내려왔을 것이다.

　일본인이 들어와 간척지를 넓히고, 1930년 12월에 목포와 부산을 잇는 철도가 건설되면서 벌교역이 1930년 12월에 생겨났다. 바닷가 조그만 마을이었던 벌교에 사람들이 모여들기 시작했다. 집단 이주한 일본인도 넘쳐나면서, 벌교에만 6백 명을 넘어섰다.

벌교는 고흥반도와 순천, 보성을 잇는 육로의 중요한 요충지가 되었다. 고흥 사람들, 특히 청해진이 해체되고 도망 온 장사들이 살았다는 거금도는 실제로 레슬링 선수 김일 등 장사들이 많다. 벌교 장이 열리는 날 인근 힘깨나 쓰는 사람이 모여서 힘을 겨뤘을 것이다. 길목을 지키는 벌교 젊은이들이 텃세를 부리려면 힘이 있어야 했을 것이다.

일제에 대항한 벌교의 힘

1930년 후반 벌교는 상업 도시로서 돈 많은 일본인들이 드나드는 포구였다. 조선인을 얕잡아 보고 괴롭히는 일들이 곳곳에서 벌어졌으며, 경찰은 일본인을 무조건 감싸고돌았다. 포구 사람들의 질긴 저항 성향은 반일과 항일운동으로 표출되었다.

안규홍 의병부대는 1908년 4월부터 1909년 10월까지 1년 6개월 동안 보성과 순천을 중심으로 26회의 전투를 치러 일본 순사와 군인, 일진회원 등 200여 명을 사살했다. 항일 투쟁이 많이 일어나자, 일제가 대한제국 정부에 압력을 넣어 1908년에 낙안군을 해체하여 낙안면은 순천이 되고, 벌교읍은 보성군이 되었다.

항일 투사인 나철 선생은 벌교 태생이다. 을사오적을 암살하려다 동지들이 붙잡히자, 동지들의 고문을 덜어 주기 위해 자수하여 10년의 유배형을 선고받았다. 단군교(훗날 대종교)를 만들고, 초대 도사교(都司敎)에 취임하였다. 청산리 전투로 유명한 김좌진 장군의 북로군정서는 1911년에 조직된 대종교 계통의 항일운동단체인 중광단(重光團)이 전신이 되어 발족하였다.

벌교의 다른 힘

벌교는 힘이 셀뿐 아니라 조정래, 박노해, 송경동, 한창기 등 많은 문인이 배출되었다. 문필봉인 고흥 첨산이 벌교 남산 역할을 하고 있기 때문이다. 대하소설 『태백산맥』에서 첨산은 고흥반도를 지키는 신비한 산으로 묘사하고 있다. 또 소설은 꼬막을 성행위로 묘사하여 꼬막이 유명해지는 데 큰 몫을 했다. 벌교와 순천에 걸쳐 있는 제석산은 고향에서 제일 높은 산이다. 나는 제석산 자락에서 컸다고 할 수 있다.

영화 『태백산맥』이 나오자 일부 이념단체에서는 극장을 파괴하겠다고 하였다. 그런데 지금은 버젓이 벌교에 태백산맥 기념관이 있다. 기념관에 조정래 작가의 원고가 전시되어 있는데, 하현달을 그믐달로 바꿨다. 낱말 하나부터 우리 글을 아끼는 작가의 심정이 엿보여서 좋았다.

벌교는 고려말 잦은 왜구 침략, 지주와 소작농 싸움, 찬탁과 반탁, 단독정부 수립 찬성과 반대에서 시작하여 여순 사건과 6·25전쟁을 겪으며 살아온 마을이다. 주먹 자랑은 어느 동네에나 다 있다. 그런데 벌교의 주먹 자랑은 벌교 민중의 역사가 담겨 있다. 웬만해서는 일제와 싸운

벌교를 통과하는 기차와 문필봉 첨산

이야기를 벌교 사람들 앞에서 자랑하지 말라는 뜻도 있다.

어렸을 때 컸던 지형지물을 지금 보면 작게 보이게 마련이지만, 벌교
는 정말 작은 마을로 변해 있다. 주철희 교수의 '불량 국민들' 내용을 일
부 인용하였다.

보성의 숨겨진 칼과 드러난 칼
- 오봉산과 오충사 이야기

어릴 적 내가 아는 세상의 범위는, 순천은 시, 벌교는 읍, 별량은 면, 그리고 고향 송기리는 그저 작은 마을이었다. 송기마을이 속한 승주군의 다른 곳은 가보지 못했지만, 보성군은 기차를 타고 몇 번이나 지났다. 방학 때 나주에 계신 부모님 댁을 오갈 때 벌교-조성-예당-득량-보성역을 지나갔기 때문이다. 그 시절 예당리는 별량면보다 더 큰 마을로 느껴졌다.

득량만과 금바다

오봉산 칼바위를 보기 위해 득량역이 있는 득량면을 찾았다. 그런데 의외로 면 소재지가 매우 작은 마을이다. 지역 중심축인 벌교와 순천 가는 버스가 조성면과 보성읍을 지나고, 득량면은 율포해수욕장이 있는 바닷가 쪽으로 빠지는 교통망에 있어 그런 줄 알았다. 주민에게 물어보

니, 예전부터 득량리는 득량면 예당리보다 작았다고 한다.

득량은 득량만을 품고 고흥과 마주 보고 있다. 예전에는 이곳에서 잡은 생선 맛이 좋아 모두 일본으로 수출했다고 한다. 그래서 득량만을 '금바다'라 불렀다. 특히 능새이(능성어)는 동네 말로 '육께스'라 부르는 큰 대바구니에 담아 바다에 넣고 보관했다. 오늘날의 가두리 양식 시초라 해도 무방하다.

칼바위, 전설과 착각

고흥에서 보면 보성 오봉산 위로 노적봉 같은 바위가 우뚝 솟아 있다. 고흥 출신 친구는 이렇게 설명해 준다. "오봉산 칼바위는 득량의 명물이

랑께. 우리 동네에서 바다 건너 정면으로 보이는 곳이 율포해수욕장이여. 그 오른쪽 산 위에 큰 칼바위가 버티고 있는데 말이여. 어른들이 그러셨다. 칼바위 꼭대기에서 오줌을 싸면 다 싼 다음에 골말을 추스르고 나서야 오줌이 땅에 떨어진다고… 그만큼 바위가 크다는 얘기여.”

칼바위를 직접 보기 위해 오봉산에 오르기로 했다. ‘오봉산’을 검색하니 강원도가, ‘칼바위 주차장’을 검색하니 경남이 나온다. ‘오봉산 생태길을 조성했다’라는 기사는 많지만, 대부분 내용이 비슷비슷하다. 아마 보도자료를 그대로 활용한 것 같다. 지도를 보고 오봉산 방향의 버스를 탔는데, 정류소가 아님에도 오봉산과 가장 가까운 지점에 내려줬다. 오랜만에 맛보는 시골 버스의 매력이다. 3.8km를 걸어 칼바위 주차장에 도착했다.

등산로는 3.9km에서 12.6km까지 5개 있다. 나는 용추폭포, 풍혈지, 돌탑 등을 지나는, 2시간 10분이 걸린다는 3구간(약 4~5km)을 택했다. 용추폭포는 기우제를 지내던 자리다. 120여 년 전 갑오년, 보성군수 유원규가 기우제를 올리려 왔는데 큰 뱀이 길을 막아, 내려가 목욕재계한 후 다시 올라와 비를 불렀다는 전설이 전해진다. 암벽 오른편에 최치원의 시가 새겨져 있다지만, 확인하지는 못했다.

칼바위는 해발 343.5미터로 그리 높지는 않지만, 원효대사가 수행했다는 전설 등 다양한 이야기가 전해지는 속 깊은 산이다. 오봉산 칼바위는 뾰족하게 솟은 바위산으로, 보기에 따라 매처럼 보이기도 한다. 바위 아래에 굴이 있어 피난처로도 적합하다. 바위에는 마애불이 새겨져 있는데, 햇빛 때문에 사진 찍기는 쉽지 않았다.

상식적으로 맞은편 고흥에서는 바위 봉우리가 잘 보여야 하고, 보성

용추폭포의 바위와 돌탑에서 보는 남근 바위

쪽에서는 숲속의 칼바위가 보이기 어렵다. 그러나 칼바위 바로 옆에 더 큰 바위산이 고흥과 득량만 쪽을 가리고 있다. 나도 고흥에서 보성 방향으로 우뚝 솟은 노적봉같은 바위를 본 적 있는데, 아마도 그 바위를 오봉산으로 착각한 것 같다.

친구 말에 따르면 고흥에서 보면 가끔 산 중턱에 큰불이 보였다고 한다. 고흥 사람들은 그것이 보성 사람들이 호랑이를 쫓기 위해 피운 불이라고 믿고 있었다. 고흥사람들이 보성쪽을 보면서 상상이 많았던 것 같다.

나는 칼바위를 직접 보고 나서 그 바위에 '숨겨진 칼'이라는 이름을 붙였다. 칼바위는 산에 오기 전에는 볼 수 없는 숨겨진 칼이고, 드러난 칼은 오충사다.

이순신 장군이 득량에서 하룻밤을 자고 군량과 군사를 모았을 때, 칼바위 아래에 숨어 있던 백성들이 자원하여 군사로 나섰다고 한다. 조성

고흥 사람들이 오봉산으로 착각하는 것 같은 칼바위 옆, 산 정상에 있는 바위 봉우리

출신 후배에게 전화했더니, 자기 마을이 더 낫다고 자랑한다. 득량 주민들은 '득량'이라는 이름이 군량미를 확보한 데서 비롯되었다고 자부하고 있다. 건물 벽에 "신에게는 아직 열두 가마니의 득량 쌀이 남아 있사옵니다"라고 적혀 있다.

장군은 보성에서 3일간 수군 재건 작업을 전개하였다. 조양창에 쌓인 군량을 지금의 득량역이 있는 오봉 삼거리를 거쳐 보성 선소로 옮기고, 남은 병력과 군선을 득량만 서쪽 포구인 군영구미로 이동시켰다. 선소 마을은 굴강의 옛 풍경을 간직하고 있다고 한다. 그곳으로 가는 버스는 정류소에 적힌 시간을 30분이나 지나도 오지 않았다. 대신 보성 읍내로 가는 버스가 먼저 와서 오충사로 향했다.

드러난 칼 오충사와 보성 선씨

보성의 대표 자랑이 '녹차수도'이지만, 우리가 잊어서는 안 될 곳이 오

충사다. 칼바위가 가까이 가야만 제 모습을 드러내는 숨겨진 칼이라면, 오충사 충신들은 외적이 침입하자 칼을 뽑아 나라를 지킨 드러난 칼이다.

나는 선거이 장군만 알고 갔는데, 고려 말부터 공신만 서른 명 넘게 배출한 보성 선씨 집안이 그곳의 주인공이다. 최근 경상 좌수사 선극례를 추가 배향했다고 하니, 사실상 '육충사'다.

선윤지는 1382년 전라도 관찰사로 있으면서 남해 관음포에서 왜구를 토벌했고, 선형은 이시애의 난을 진압했으며, 선세강은 병자호란 때 안동 영장으로 남한산성을 향하다 광주 쌍령에서 전사했다. 선거이는 녹둔도에서 여진족을 상대하며 이순신과 전우가 되었고, 한산도 대첩, 행주대첩 등에서 활약하다 울산왜성 전투에서 장렬히 전사했다.

보성 군수 방진과 딸의 기지

보성은 이순신에게 무과 응시를 권유했던 장인 방진이 군수로 있던 곳이기도 하다. 어느 날 화적들이 관사 안마당까지 침입했는데, 명사수였던 방진이 활을 쏘다가 화살이 다 떨어졌다. 화적들이 종과 내통하여 화살을 훔쳐 갔기 때문이다.

그때 장차 이순신의 부인이 될 12살 딸이 배틀 도투마리에 꽂힌 '뱁댕이' 대나무 다발을 힘껏 내던지며 외쳤다. "아버님, 화살 여기 있습니다!" 화적들은 화살이 많이 남아 있는 줄 알고 달아났다.

뱁댕이는 남부 지역에서 천을 고정하거나 간격을 맞추는 데 쓰이는 대나무다. 보성군은 방진이 머물던 군수 관사를 '방진관'이라 이름 짓고 역사·문화·관광자원으로 활용하고 있다.

돌담 길의 기억, 그리고 마지막 인사

오봉산 가는 돌탑과 작은 돌담, 작천마을 돌담길

　오봉산은 한때 우리나라 최대 구들장 돌 생산지였다. 오봉산 가는 길에 작은 돌담과 큰 돌탑이 이어져 있다. 더 길고 크게 조성하면 유명한 길이 되겠다. 작천마을 돌담길은 많은 부분이 자연 그대로의 모습을 간직하고 있다. 유홍준의 『나의 문화유산답사기』에는 등장하지 않지만, 작천 돌담길은 옛 시골의 향수를 불러일으킬 만하다.

　득량에서 저녁을 먹으려 했지만, 마땅한 식당이 보이지 않았다. 간혹 눈에 띄는 집은 문을 닫았거나 영업하지 않았다. 허기를 달래려 ‘만남의 광장’이라는 간판이 걸린 가게로 들어섰다. 통닭을 주문했더니, 주인이 미안한 얼굴로 말했다. “지금은 닭 튀길 시간이 좀 빠듯하고요, 또 싸 가면 차에서 냄새가 나서 손님들이 싫어해요.” 그의 말에 고개를 끄덕이며 맥주 한 병을 시키고, 기본 안주로 나오는 과자 몇 개로 에너지를 채웠다.

　버스 기사는 관광 홍보대사 역할을 톡톡히 했다. 아침에는 정류소가 아님에도 오봉산에, 저녁에는 오충사에서 가장 가까운 곳에 내려주었다. 벌교에서 순천 가는 차를 갈아타는 위치도 친절히 알려주었다.

　이 여정을 기록한 글은 내 글 중에서 가장 많은 사람이 본 글이 되었다. 아마도 고향을 아끼는 보성 사람들이 따뜻한 마음으로 퍼뜨려 준 덕분일 것이다. 친구 이대휘가 보성 차밭까지 태워준 덕분에, 자투리 시간을 이용하여 ‘녹차 수도’ 보성을 볼 수 있었다.

부안, 바닷바람과 나무들이 만나는 곰소에서 모항까지

2024년 3월, 만호영이 있던 옛 진이라는 유래를 지닌 구진마을에 도착했다. 이곳은 곰소염전 바로 옆이다. 관광지라 잘 지어진 식당은 몇 개 있는데, 염전에는 사람이 보이지 않는다. 마을 언덕에 서 있는 한 나무가 유난히 우뚝 솟아있어 동네 할머니에게 나무 나이를 물었더니 "내가 이 동네에 시집을 때부터 있었다"라며 우문현답을 하셨다.

곰소는 인근에 식당과 펜션이 모여 있어 여행자가 묵기에 아주 쉽고, 내소사나 인근 유적과 연결되어 접근성이 좋았다. 곰소는 곰 두 마리와 연못에서 유래했다. 나는 곰나루(공주), 웅천(진해)처럼 곰 이름이 포함된 지명들이 고대 부여 세력의 남하와 연결되어 있다고 생각한다.

격포항과 채석강

다음 부안 여행은 2025년 4월, 전주 한옥마을에서의 가족 행사 후 곧

바로 격포항으로 갔다. 격포는 아름다운 자연과 커다란 어항으로 이름
나 있으며, 인근 채석강과 연결되어 있다. 채석강이라는 이름은 이태백
이 강물에 비친 달그림자를 잡으려고 빠지면서 유래했다고 한다. 나는
4월 여행에서 자전거 사고를 당해서 몇 달간 쉬었다.

  격포에서 북쪽으로 2km 올라가면 수성당, 적벽강, 후박나무 군락지
가 한데 모여 있다. 수성당 가는 마을 뒷길로 후박나무가 서 있고 유채

격포항과 채석강

꽃밭이 펼쳐진다. 사람들은 유채꽃 사진을 찍느라 후박나무를 그냥 지나치는데, 후박나무 군락지는 천연기념물 123호다. 우거진 숲일 줄 알았지만, 생각보다 한정되어 있었다. 후박나무가 북쪽으로 올라올 수 있는 남쪽 한계선이라는 식물 분포상의 의미로 보호하고 있다.

1804년에 세워진 수성당 개양할미는 서해의 수호신이다. 안내판에는 "전국 유일의 바다신"이라고 되어 있지만, 한 걸음 떨어져 생각해 보면 서해나 남해의 어촌마다 바다의 안녕과 만선을 비는 공동의 신앙들이 존재한다. 다만 서해는 서구 문명의 유입과 도시 개발의 영향으로 동해

후박나무와 유채, 유채밭 위가 수성당

보다 유서 깊은 유산들이 희귀하게 남아 있다.

죽막동 1차 발굴 시 이곳이 삼국시대 이래 제사를 지내온 유서 깊은 장소임이 확인됐다. 전해오는 이야기에 따르면 개양할미는 키가 아주 커서 나막신을 신고 서해를 걸어 다니며, 수심이 깊은 곳은 메우고 풍랑을 다스려 어부들과 배를 보호했다고 한다.

개양할미 옆에는 딸 8자매가 모셔지고 있으며, 매년 음력 1월 14일 당산제를 지낸다. 수성당 문이 열려 있고, 한 여성이 비닐 천막 안에 앉아 있는 모습을 보며, 이 공동의 믿음이 오늘에도 숨 쉬고 있다는 생각이 들었다. 언어와 신은 한 사람이라도 사용하고 믿으면 죽지 않는다고 생각한다. 다만 이 앞바다 위도 인근에서 1998년 서해 훼리호 사고로 292명의 희생자가 발생한 아픈 역사는 또 다른 기억으로 서려 있다.

바닷가 절벽 2km에 걸친 적벽강은 이름처럼 붉은 바위들이 장관인데, 이는 중국의 지명을 그대로 가져온 이름이다. 이 주변은 석모도, 안면도와 함께 서해의 낙조가 아름다운 곳으로 꼽힌다.

2025년 6월, 나는 서해랑길과 대청리 모항으로 또 한 걸음 옮겼다. 서해랑길 완주보다는 호랑가시나무 군락지가 더 궁금한 여행이었다. 그런데 모항 입구에서 만난 '지질명소 모항 해수욕장'의 지질명소에 이끌려 먼저 모항으로 향하게 되었고, 펜션 사이에서 만난 300년 넘은 팽나무 당산 할머니는 또 하나의 만남이었다. 내소사 할아버지 할머니 당산나무를 포함해서 부안은 나무 한 그루, 돌 조각품 하나에도 의인화하는 공동의 감정과 믿음이 서려 있다는 생각이었다.

모항 왼쪽에는 갯벌 체험장, 오른쪽에는 모래 해변과 고급스러운 숙소들이 자리 잡고 있다. 모항마을 뒤 찻길에는 호랑가시나무가 천연기념물 122호로 보호되어 있다. 끝이 뾰족하게 갈린 잎 때문에 호랑이가 이 나무 밑에서 등을 긁었다고 하고, 이 때문에 '호랑이 등 긁는 나무'라는 이름으로 불렀다. 음력 2월 1일에는 이 나뭇가지 하나를 꺾어 물고기의 만선과 액막이를 위해 문 앞에 걸었다고 한다.

변산면 중계리의 꽝꽝나무 군락지는 변산해수욕장과 8.4km 떨어진 한적한 곳이다. 자주 다니지 않는 버스를 또 갈아타고 한참 들어가야 하므로 다음으로 미룬다. 이 나무들은 나무의 북방한계선이며, 지구온난화로 인해 더 북진하거나 세력이 넓어진다는 희망보다는 오히려 서서

마을 뒤쪽 찻길에서 보는 모항 마을과 당산나무

호랑가시나무

히 없어질 가능성이 크다.

지구온난화로 식물의 북방한계선이 오르는 것처럼, 남북 관계도 뜨끈해지고 통일이 되어 북방한계선을 만주로 밀어낼 수만 있다면……

안동의 시간, 가을에 들어가서 겨울에 나온 봉정사
– 봉정사, 전탑, 태사묘, 이천동 마애여래입상

2018년 11월 24일, 늦가을 정취가 가득한 날 안동 봉정사를 찾았다. 신라 문무왕 12년(672)에 창건된 이 절은 오랜 세월을 머금고 있다. 특히 국보 제15호로 지정된 극락전은 현존하는 가장 오래된 목조 건물로, 1625년 기와 수리 공사를 했다는 기록이 상량문에 남아 있다. 부석사 무

여왕이 차를 마신 곳, 눈 내리는 모습을 사진에 담는 스님

량수전보다 13년 앞서 중수되었다.

『나의 문화유산 답사기』에서는 극락전이 가장 오래된 목조 건물로 평가받는 이유로 건축 양식을 꼽는다. 결구 방식이 고구려 벽화 속 건물과 닮았고, 창방을 받치고 있는 나무 받침이 꽃잎을 엎어놓은 모양의 고구려 벽화 복화반이며, 척도를 잰 자가 고구려 것이라는 점에서다. 간결하면서도 강인한 인상을 풍기는 이 건물 앞에 서니, 천 년의 시간이 내 앞에 서 있다.

1999년 4월 21일, 영국 엘리자베스 여왕이 이곳을 방문해 "조용한 산사 봉정사에서 한국의 봄을 맞다"라고 적었다. 우리를 안내하던 스님 배려로 여왕이 차를 마셨던 자리에서 차 한 잔을 마셨다. 차향 속에서 마음을 내려놓으며 잠시 과거로 돌아간 듯한 느낌이었다. 낙엽이 수북이 쌓인 가을에 들어왔는데, 나올 때는 첫눈이 낙엽을 덮은 겨울이 되어 있었다.

봉정사 들어갈 때와 나올 때의 사진

2024년 3월, 소호리에서의 일정을 마치고 조탑동 전탑을 향했다. 지도상으로는 약 4km 거리, 걸어서 한 시간이면 충분한 거리다. 하지만 인터넷에서 안내한 410번 버스를 타고 보니, 전혀 엉뚱한 방향인 안동 시내로 향하고 있었다. 퉁명스러운 버스 기사의 "전탑동은 안 가요"라는 말을 듣고는 당황하면서 내려야 했다.

아내는 안동 버스정류장에서 기다리기로 하고, 나는 마침 눈앞에 보이던 식당에서 점심을 해결했다. 식사 후 냇가를 따라 걸으며 물새들이 노니는 모습을 보니, 길을 잘못 든 것이 오히려 작은 행운처럼 느껴졌다.

안동에는 서원과 고택뿐만 아니라 전탑(벽돌탑)도 많이 남아 있다. 경주 분황사의 모전석탑을 제외하면, 안동 지역은 모전석탑과 전탑 모두 가장 빠른 축조 시기를 보인다. 흥미롭게도, 경주에서 칠곡을 거쳐 영양, 안동, 제천, 여주로 이어지는 교통로를 따라 전탑이 집중된 것이, 불교가 외곽으로 퍼져나간 경로와 정확히 일치한다고 한다. 통일신라가 전국적으로 화강암 삼층 석탑을 보편화할 때, 북부 경북 지역에서는 오히려 전탑을 발전시킨 점도 안동스럽다.

기대를 품고 찾아간 조탑동 오층 전탑. 하지만 하필이면 내가 간 날, 탑은 분해되어 정비 중이었다. 웅장한 전탑을 직접 볼 기대가 산산이 깨지고, 해체된 돌 조각들만 덩그러니 남아 있었다. 초층 탑신까지도 화강석으로 만들어져 있었던 이유인지, 탑 주변은 온통 돌무더기뿐이다. 한눈에 전탑 세 개를 비교하려던 작은 희망은 그렇게 사라졌다.

아쉬움을 뒤로하고 안동역 동부동(운흥동) 오층전탑으로 향했다. 일정은 모두 버스 시간에 달려 있었기에, 학봉종택 방문을 미루고 이곳을 먼저 보기로 했다. 이 탑은 각층에 기와를 얹어 마치 목조건축을 그대로

조탑동, 동부동, 법흥사지 전탑

옮겨놓은 듯한 아기자기한 모습이 인상적이었다.

첫눈이 내리던 날 만나자던 안동역은 이제 새로운 역사(驛舍)로 이전했고, 옛 역사는 문화유산으로 변신 중이었다. 알아야 면장을 한다는 말처럼 2018년에 왔을 때는 지나쳤다. 하긴 안동에 사시는 할머니도 굴뚝이라고 했단다.

구(舊) 안동역이 있던 곳은 과거 안동대도호부와 태사묘가 있던 중심지다. 도호부 자리에는 공원이 조성되었지만, 그 자리를 지키던 느티나무 부신목(府神木)은 800년 세월을 이겨내고, 여전히 금줄을 두르고 서 있다. 안동부사가 부임하면 가장 먼저 이곳에서 부임 신고를 했다고 한다.

태사묘는 안동의 역사와 함께한다. 안동의 옛 이름은 고창(古昌)이다. 930년 공산 전투에서 견훤에게 신숭겸 장군을 잃고 간신히 살아남은 왕건이 고창에서 지방 토호들의 도움을 받아 대승을 거둔다. 이후 왕건은 고려 통일 후 동쪽을 안정시켰다는 뜻으로 안동으로 개칭하고, 권행, 김선평, 장길 세 사람에게 태사(太師) 벼슬을 내렸고, 그들은 안동 권씨, 안동 김씨, 안동 장씨 시조가 된다. 이곳에서는 세 성씨가 나란히 걸어놓은 현판을 볼 수 있다.

일직 손씨도 고려 역사 속에서 빛나는 존재다. 조탑동 유허각은 일직 손씨 시조인 손홍량의 비석이 서 있는 곳이다. 홍건적의 난 때 공민왕을 보호한 공으로 '일직한(곧은) 사람'이라는 칭호와 함께 왕이 하사한 지팡이와 초상을 받았다. 이때 안동은 부주목에서 안동대도호부로 승격된다.

이어 임청각 옆 법흥사지(신세동) 칠층전탑을 찾았다. 높이 17.2m로 우리나라에서 가장 오래되고 큰 전탑이다. 조선 시대 안동의 절들이 강제 철폐될 때, 절터는 양반들이 차지했지만, 탑은 불행 중 다행으로 그대로 남았다. 덕분에 고성 이씨 탑동파 종택의 장식물처럼 남아 전해진다.

일제 강점기에는 기단부가 시멘트로 덧칠되고, 바로 옆에는 기찻길이 생겨버렸다. 지금은 철로가 시 외곽으로 옮겨졌지만, 오랜 세월 열차의 진동을 견뎌낸 탑은 여전히 당당한 자태를 뽐내고 있다.

마지막으로 찾아간 곳은 이천동 마애여래입상, 흔히 '제비원 석불'이라고 불리는 곳이다. 미술사적 가치보다 불교와 무속 신앙이 결합한 전

부신목과 태사묘

통 신앙의 성지로 유명하다. 특히 무가(巫歌) '성주풀이'에서 "성주님 본
향이 어니메냐, 경상도 안동 땅, 제비원이 본일러라, 제비원의 솔씨 받
아 (중략) 낙락장송이 되었구나…"하는 구절이 있기 때문이다.

　거대한 바위에 새겨진 불상은 앞쪽 작은 바위가 가리고 있다. 공원 아
래에서 보면 윗 부분만 보인다. 전해지는 이야기로는, 임진왜란 때 이여
송이 지맥을 끊겠다며 불상의 목을 자르고, 연이 처녀의 전설과 연미사
(燕尾寺)의 유래도 함께 전해진다. 산신을 모시는 전각을 보통 '산신각'
이라 하는데, 이곳에서는 '산영각(山靈閣)'이라 부른다. '신(神)'이 아닌
'영(靈)'을 쓰는 곳은 처음 본 것 같다. 주마간산식으로 봤을 뿐인데도,
안동은 역사 깊이와 문화 향기가 곳곳에 배어 있다. 어느 곳보다 서원과
고택, 전탑이 많아서 앞으로도 발품을 더 팔아야 한다. 시간을 거슬러
올라가는 듯한 이곳에서, 나는 안동의 시간을 여행한다.

제비원 석불

영광, '깨달음의 빛'을 실천하는 종교의 고장

서해랑길을 따라 무안과 함평을 지나 영광에 도착해서 놀란 것이 세 가지다. 첫 번째 놀란 것은 관광안내도에 백수해안도로가 영광 1경이고, 어제 들렀던 염산면의 기독교 순교 체험관이 영광 2경이다. 아내에게 거기가 영광 2경이네? 했더니, 2경이 여러 곳이라고 한다. 다시 관광안내도를 보니 영광 2경이 네 곳이라 무릎을 쳤다.

그렇구나! 영광은 '깨달음의 빛'이라는 뜻인데, 이름에 걸맞게 우리나라 4대 종교 유적지가 있다. 마라난타 존자의 발자취를 따라 백제불교가 최초로 들어온 곳이다. 믿음을 위해 순교한 영광 순교자 기념성당, 염산교회와 야월교회가 있다. 민족종교인 원불교가 피어난 영산성지가 있다. 불교, 가톨릭, 개신교, 원불교의 상징적인 곳을 공평하게 영광 2경으로 붙였다.

도올은 동학혁명이 실패하고 나서 원불교와 증산도의 두 가지 종교적 운동이 일어났다고 설명한다. 이중 원불교 영산성지는 스스로 깨달음을 얻었던 원불교 창시자 소태산 박중빈 탄생지다. 원불교는 수행과 생활에서 도덕 훈련을 실천하는 종교로 정신개벽을 강조한다. 그러고 보니 두 종교 모두 동학이 못 이룬 개벽을 말하고 있다.

두 번째는 통상적으로 활기를 잃어가는 다른 지역과 달리 활기가 넘친다. 높은 건물이 많은데도, 새로운 건물을 짓고 있으며, 젊은이가 많이 보인다. 이유가 궁금해서 주민 몇 사람에게 "원자력 발전소가 경제적 활력 요소냐"고 물어보니, 광주나 발전소 부근 홍농읍에서 돈을 쓰고, 영광읍과는 무관하다고 한다.

버스정류장에서 버스를 기다리면서, 보궐 선거운동을 하는 젊은 진보당 여성과 대화를 나누었다. 발전소에서 지역 발전 기금으로 매년 300억 원을 지원하고, 영광 예산이 8천8백억이라고 설명한다. "군수는 짭짤하겠네요?"라고 농담을 했더니, "그러니 보궐선거를 하지요"라고 한다. 이로써 두 번째 의문은 풀렸다.

세 번째는 주민에게 물어서 찾아간 맛집이 버스정류장 부근 송죽회관이다. 큰 상이 반찬을 가득 채우며, 생선이 두 가지나 나오는 굴비 정식

이 겨우 만원이다. 여주인에게 수지가 맞냐고 물었더니, 재미로 하고, 직접 키운 채소라서 단가를 맞출 수 있다고 한다. 다음에 왔을 때 일부러 두 번이나 찾아갔다.

영광에 오기 전 지역에서는 낙지를 먹고 공깃밥을 시켰더니, 2만 원짜리 낙지비빔밥을 먹으라고 했다. 그래서 낙지만 먹고, 밥은 안 먹고 나왔었다. 글을 올리고 나서 송죽 여주인에게 전화했더니, 퉁명스러운 남자 목소리다.

어느 곳에 가든지 오래된 큰 마을에는 향교가 있다. 영광향교를 찾아가는데, 도동리와 교촌리 경계 부근 당산 거리의 당산나무 밑에 돌 장승이 한 쌍 보인다. 전라도에서는 장승을 벅수라고 하는데, 여기는 벅쇠라고 부르고 있다. 순조 32년(1832)에 세웠는데, 왕방울 눈과 주먹만 한 코, 넓적한 네모꼴 입에는 위아래로 이빨을 그려 해학적이다.

동쪽 벅쇠는 동그란 꼴 머리에 수건을 쓰고 있으며, '동방대장' 중 '대

장' 글자는 땅에 묻혀 보이지 않는다. '서방대장'은 머리 위가 세모꼴로 위가 좁고 아래는 사다리꼴 모양이며, 서방대장 글씨가 다 보인다. 동방과 서방을 바라봐야 하니, 두 벅쇠가 등을 지고 있는 특이한 형태다.

영광 9경은 천연염전인데, 염전에 사람은 보이지 않고, 주변에 수많은 풍력 발전기가 돌고 있다. 태양광발전소도 많이 있는데, 해(태양)를 소금 만드는 것에서 전기 만드는 것으로 바뀌고 있다. 이렇게 많은 풍력 발전기가 실제로 돌아가고 있는 곳은 처음 본다. 영광 9경을 '염전과 풍력 발전기'로 바꿔야 할 것 같다.

영광에서 가장 가보고 싶었던 가마미 해수욕장은 영광 5경이다. 어렸을 때 가족과 함께, 최초로 해수욕장을 경험했고, 두 번 갔던 곳이다. 어릴 때 봐서인지, 우리나라에서 제일 큰 해수욕장이라고 생각하고 있었다. 기억과 다르게 아기자기하고, 많은 소나무와 경사가 완만한 해변은 기억 그대로다. 다음 날 가마미 해수욕장에서 버스를 타려고 하는데, 도회지 버스처럼 그냥 지나쳐버렸다. 첫날 어르신께 빨리 자리에 앉으라고 큰소리를 쳤던, 영광에서 옥의 티는 버스다.

많은 관광지가 현대식 숙박시설로 상전벽해가 되었는데, 여기는 발전소 옆이라서 그런지, 고급 호텔과 모텔은 보이지 않고 모두 민박 시설이다. 성수기가 지난 9월이라 문을 연 식당이 없지만, 옛 추억을 되살려 하룻밤을 잔다.

관광지로 새롭게 떠오르는 물무산 황톳길에 가서, 처음으로 긴 시간 황톳길을 걷는다. 안내인이 "영광 사람을 위해 만들었는데, 전국에 소문이 나서 '맥없이' 사람이 많이 와요. 길과 화장실이 불편해서 죄송합니다"라고 한다. 맥없이 보다는 '무담시'가 더 어울리겠다. 어쨌거나 관광버스가 찾아오는 이 황톳길은 성공한 지역 사업이다. 2024년 5월과 9월, 두 번에 걸쳤던 영광 여행을 매간당 고택에서 마무리했다.

영덕, 전통 신앙과 문화가 어우러진 마을

대게로 유명한 영덕에 대한 첫 기억은 1988년이다. 당시는 바다를 통해 들어오는 간첩을 잡는 작전 위주였다. 야간 경비 중에 영덕항에서 조업 나온 어선을 정밀 검색했다. 젊은 선원에게 국민이 다 알만 한 상식적인 내용을 물었는데, 답을 하지 못한다. 잔뜩 의심하는데, 영덕 출신 갑판장이 안면이 있는 사람인지, 그만하자는 눈짓을 한다.

해파랑길을 따라 걸으면서 느끼는 영덕은 잊혀 가는 종갓집과 사라져가는 서낭당 등이 아직 살아있는 매우 뿌리 깊은 마을이다. 병곡면 면사무소 안내판에, 삼국시대 이전에 천호국이라는 부족 국가의 수도라고 자랑한다. 이곳 고래불은 목은 이색이 고래가 노는 것을 보고 " 고래가 노는 펄"이라고 부른 것에서 유래되었다. 이색은 외가인 영덕군 영해면 괴시리에서 태어났다.

목은 이색은 포은 정몽주, 야은 길재, 도은 이숭인 등과 함께 고려 말 유학자이다. 목은과 포은, 그리고 사람에 따라 야은 혹은 도은을 3은 (隱)으로 꼽는다. 숨을 은(隱)자가 스승을 따른 것일 수도 있지만, 나라

말기에 나타나는 어수선한 분위기를 느낀 것일 수도 있다.

영남 유학의 전형적 마을인 괴시리는 'ㅁ'자 기와집이 모여 있다. 지금도 충청도에서 많이 보이는 ㅁ자 집은 벽이 담장 역할을 하는데, 이동네는 대문을 열고 들어가면 뜰이 나타나고, ㅁ자형 집으로 들어가는 대문이 다시 나온다. 대가족이 사는 ㅁ자형에 소가족의 편의를 위해서 별도로 마당 공간이 있는 집도 있다.

마을 북쪽에 호지라는 연못이 있어 호지 마을이라 불렀다. 이곳 함창 김씨 외가에서 태어난 이색이 원나라 구약 박사의 괴시(槐市, 회화가 있는 큰 마을) 마을과 모양이 비슷하다고 하여 괴시라 이름을 지었는데, 대표적인 사대사상이다.

괴시 마을은 영양남씨 집성촌이 되었고 우연히도 이색의 외할머니가 남씨다. 나는 외할머니 남씨가 이곳에 시집와서 친정 식구들이 대거 들어온 줄 생각했는데, 여기가 본래 남씨 본향이다.

　　조금만 더 내려가면 축산항 입구가 영양남씨 시조가 살던 곳이다. 중국 당나라 이부상서 김충이 755년 사신으로 일본에 갔다가 돌아오던 중에 여기에 표류하였다. 경덕왕이 당나라에 알리니, 살고 싶은 곳에 살라고 하여 이곳에 정착하였다.

　　왕이 영양현을 식읍으로 주고, 영의공으로 봉하면서 영양남씨 성을 하사하였다. 일광대와 월영대는 해와 달을 벗 삼아 영의공이 거닐던 곳이다. 큰아들은 영양김씨로 하였고, 영양남씨는 나중에 의령남씨와 고성남씨로 나눠진다.

　　5일 동안 영덕을 걷고 떠나면서, 언제 다시 오나 싶어서 인양리 전통마을을 찾는다. 영해면에서 자고 괴시리 걸을 때 걸었으면 좋았으련만, 영덕읍 시외버스정류장에서 택시를 타고 간다. 인양리는 명현들이 많이 배출되고, 어진 분이 많이 나와서 붙여진 이름이다. 괴시리는 집성촌이라 오래된 집(고택)이 모여서 마을을 이루고 있다면, 인양리는 성씨가 다른 종가라 조금씩 떨어져 있다. 이 마을 외에도 종갓집이 많은 것은 넓은 들판과 바다를 끼고 있어 먹을거리가 풍부하고, 안동과 가까워서일 것이다.

4개 성씨가 시작되고, 종갓집이 많은 유서 깊은 마을이면서, 다른 곳에서 보지 못한 신당이나 사당이 많다. 부흥해변에 멀리 보이는 건물이 척 보니 사당이다. 왕만이 지낼 수 있었던 제사가 종묘사직(宗廟社稷)인데, 사직 중에서 땅을 지키는 사신당(社神堂)으로 두 마리 황금 거북이를 세워 놓았다. 다음 마을에는 동네를 지키는 동신당에 금줄이 쳐져 있고 단청도 잘 되어 있다.

또 축산항 입구에 명신각과 숭신문이 있는데, 명신각에 금줄이 쳐져 있다. 축산항 동네에 있는 나무 담장에도 금줄이 쳐져 있다. 어렸을 때 아기를 낳아도 금줄을 치고, 당산나무에도 금줄을 쳤다. 최근에 일본 신사에서 나무에 친 금줄을 봤었는데, 우리나라에서 보기 힘든 금줄을 영덕에서 많이 봤다.

괴시2리 마을 입구 서낭당은 무너질 듯이 방치되어 있는데, 동네 안에 수호신 '천장군신위'가 서있고 소주병이 놓여있다. 동네 식당 주인에게 물어봤더니, 이 마을 본래 신위는 해신당이라고 한다. '해불신위'(海

마을 입구, 관리가 안 되는 서낭당

佛神位)로서 불(佛)자가 들어간 신위는 처음이고, 한 마을에 신위를 두 군데 모시고 있는 곳도 처음이다. 그리고 마을 입구 서낭당도 군에 정비를 요청했다고 한다.

사진 3리는 바위를 신으로, 축산항 입구에는 나무를 신으로 모시고 있다. 원주민이 죽으면 지구에서 말(언어) 하나가 사라지듯이, 신자가 사라지면 신(神)도 사라지는 법이다. 신당마다 소주가 놓여있는 것을 보니 신자가 있는 살아있는 신이다.

영덕에는 망일봉과 망월봉, 일광대와 월영대 등 해와 달의 이름을 조화롭게 지었다. 백석 마을에는 '백석(한문)+길(한글)'과 '흰돌(한글)+로(한문)'라는 표지판이 나란히 있다. '길'과 '로'가 서로 섞여 있는데, 우리 글에 자신감을 가지고 '흰돌길'로 했으면 좋겠다. 영덕은 산과 바다를 잘 살려서 길을 냈고, '영덕 블루로드'라고 이름 붙였다. '쪽빛 파도의 길'이나, 다른 한글로 이름을 붙이면 더 좋지 않을까?

영덕 신당들

영주, 선비의 숨결을 따라

영주 여행은 관음사에서 시작된다. 옛 전우들과 관음사에서 만나 희방사 사찰체험(템플스테이)에서 식사하고 하룻밤을 보낸다. 저녁에는 오랜만에 오리온자리와 북두칠성을 볼 수 있었다. 이곳은 '콩 세계과학관' 옆에 있으며, 들판 이름도 콩을 상징하는 '속두들'이다. 권신한 박사는 우리나라가 콩 종주국임을 발표한 최초의 콩 박사다. 정재원 박사는 유당이 없고 영양소를 갖춘 두유를 개발했다. 권태완 박사, 홍은희 박사 등은 세계화를 위해 힘썼다.

부석사는 여기에서 2.6km 떨어져 있다. 부석사 앞마을은 뜬바위골이며, 고려시대에는 이곳을 '선달사'라 불렀는데, 이는 이 지역 방언으로 선돌(입석立石)을 뜻한다. 의상대사는 "고구려 먼지나 백제 바람이 미치지 못하고, 말이나 소도 접근할 수 없는 곳"을 찾아 이곳에 도착했다. 무량수전은 고려 정종 9년(1043) 중창된 건물로, 창건연대가 확인된 목조 건물 중 가장 오래된 것이다. 부석사는 선묘 전설에 따른 것인지, 산신각 대신 선묘각이 있다.

유홍준 씨는 불국사의 돌축대가 인공과 자연의 조화를 보여주는 최고 명작이라면, 부석사의 돌축대는 자연과 인공을 하나로 융화시킨 더 높은 원융의 경지라고 평가한다. 의상대사가 말한 "하나가 모두이고 모두가 하나임"을 입증하는 상징적 이미지라고도 한다. 또한, 무량수전 배흘림기둥에 기대어 내려다보는 산맥의 경치를 '국보 0호'로 극찬한다.

그리고 굴산사지 당간지주는 자연석 느낌을 살린 헤비급, 익산 미륵사지는 공공 차면서 유연한 미들급, 부석사는 라이트급이라도 헤비급을 능가할 수 있는 멋과 힘이 있다고 평가한다. 부석사는 워낙 유명한 곳이라 이 정도로만 언급한다. 부석사 가기 전 3km 지점에 자리한 500년 이상 된 느티나무는 옛길에서 이정표 역할을 했을 것이다.

작년(2024년) 6월, 장대비 때문에 희방사 앞 200m 지점에서 희방폭포만 보고 돌아와야 했다. 아홉 달 만에 다시 희방사를 찾는다. 희방사

는 죽령을 거쳐 한양으로 가는 길
목에 있어, 남쪽과 한양을 잇는 중
간 기착지 역할을 했던 곳이다. 희
방사에서는 훈민정음으로 된 '월인
석보'와 '법화경' 등을 인쇄했지만,
원본 목판은 6.25 전쟁 때 불탔다.

희방사에는 은혜를 갚은 호랑이
이야기가 전해진다. 두운 대사는
목에 비녀가 꽂힌 호랑이를 도와
주며 살생하지 말라고 타일렀다. 어느 날, 호랑이는 쓰러진 처녀를 물고
와 그녀의 목숨을 구해주었다. 처녀는 경주 호장 유석의 무남독녀였다.
보답으로 유석이 기쁜 마음으로 절을 세운 것이 바로 희방사라고 한다.
이곳 산신각에서는 음력 삼월 삼짇날(3일) 소백산 산신제를 지내며, 절
옆에는 은혜를 갚은 호랑이상이 자리하고 있다.

영주에는 영주향교, 풍기읍에는 풍기향교, 순흥면에는 순흥향교가 있
다. 이는 본래 영주, 풍기, 순흥 세 지역이 독립된 고을이었음을 보여준

다. 특히, 순흥은 과거 도호부가 있었을 정도로 큰 고을이었다. 세조의 계유정난에 반대해 유배를 왔던 금성대군의 2차 단종 복위 모의가 발각되었고, 순흥부는 반역의 고을이 되어 풍기군에 합쳐졌다.

영주는 선비의 고장이다. 전문가나 인근 안동과 의논한 결과가 아니라, 영주시가 먼저 정한 것이다. 그 배경에는 고려시대 유학자 안향과 소수서원이 있으며, 삼판서 고택이 이를 뒷받침한다. 고려의 유학자 안향(安珦)은 젊은 시절 영주 숙수사에서 공부했다. 그는 원나라에서 주자 저서인 『주자대전』을 직접 필사하여 성리학(주자학)을 최초로 고려에 소개하고 전파했다. 이에 따라 그는 조선 도학의 시조로 모셔진다.

소수서원(紹修書院)은 중종 38년(1543)에 세워진 최초의 사액서원이다. 풍기 군수였던 주세붕이 숙수사 터에 성리학을 처음 도입한 선생을 배향하는 사당과 후진양성을 위한 학교를 건립하며, 이를 '백운동 서원'이라 불렀다.

이후 풍기 군수였던 퇴계 이황이 국가의 합법적 인정을 요청하여, 명종 5년(1550) '소수서원'이라는 사액을 하사받았다. '소수(紹修)'는 "이미 무너진 교학을 다시 이어 닦게 했다(旣廢之學 紹而修之)"는 뜻이다. 서원은 내를 끼고, 오래된 소나무로 둘러싸여 있어, 시간을 두고 음미할 장소로 적격이다.

정도전이 태어난 삼판서 고택은 연달아 세 명의 판사를 배출한 곳이다. 그의 아버지 정운경이 형부상서를 지냈고, 정운경의 사위 황유정이 공조판서를, 외손자 김담이 이조판서를 지냈다. 임진왜란 이전에는 유산과 제사에 남녀 차별 없이 딸로 이어진 것이다.

1961년, 영주에 대홍수가 발생하면서 이성가 장군이 새로운 개천을

만들고, 기존 개천을 시가지로 개발하며 삼판서 고택을 현재 위치에 복원했다. 고택 뒤편에는 국가재건 최고회의 의장이었던 박정희 장군이 심은 나무가 있다.

　가흥동 마애삼존불은 네이버 지도 위치로 찾아갔는데 엉뚱한 위치로 안내해서, 물어 물어서 찾았다. 거대한 삼각형 화강암 벽을 조각하여 본 존 좌상을 가운데에 두고, 좌우에는 입상의 협시보살을 새겨 넣었다. 삼 각형 바위를 적절히 활용하여 안정감 있는 구도를 이루고 있다.

　그 왼쪽에 있는 여래좌상의 돌 색깔이 다른 이유는 집중호우로 인해 암반이 무너진 후 새로 발견되었기 때문이란다. 아래에는 암각화가 있 다고 하지만, 내 눈으로 확인할 수 없었다. 안내판에 사진을 추가해 설 명하면 더욱 이해가 쉬울 것이다.

장흥에서 글자랑 하지 마라

"자고 일어나니 유명해졌다'라는 무명작가들 얘기가 있다. 장흥의 딸 한강은 이미 여러 개의 상을 탔던 유명한 작가이지만, 노벨상을 받게 됨으로써 더욱 유명해졌다. 본인도 영광이지만, 고향 장흥과 대한민국을 떠들썩하게 만들고 있다. 나로서는 '다녀왔더니 유명해졌다'라는 곳이 장흥이다. 이번 10월 7일에서 8일까지 장흥 지역에 있는 남파랑길 79구간과 80구간을 다녀왔기 때문이다.

장흥(長興)은 '오랫동안 흥할 곳'이라는 땅이름을 가졌고, 나라호 발사대를 가져서 '높게 흥할 곳'이라는 고흥과 바다를 두고 마주 보고 있다. 상발마을 앞 자라섬은 삼신할머니가 치마에 흙을 담아서 고흥으로 건너가다가, 치마에 구멍이 나서 흘린 흙이 쏟아져 섬이 되었다는 전설이 내려올 정도로 가깝다.

정동진과 땅끝은 비교적 유명하지만, 정남진은 덜 알려졌다. 장흥 시외버스정류장에 내리니 '정남진 장흥군'이라는 글씨를 버스 앞면에 새겼다. 정남진 등대, 정남진 길과 마을 등 지역의 관광명소를 살리려고 하는 노력이 엿보인다. 산정마을 부근에 400년째 당제를 지낸다는 소등섬

장흥 버스와 소등성 앞 정남진 표지

앞에서부터 정남진 표지가 보인다. 이 길을 남파랑길에 포함하면 좋겠다.

길에서 마을을 소개하는 표지판에 풍산길지라는 풍기마을이 있고, 상방마을은 노승봉 밑이 명당이며, 사금마을도 신선이 놀던 명당이라고 한다. 회진 버스정류장에서 만난 무명의 수필가 한 분이 이 고장에서 많은 문학가를 배출했다고 자랑한다. 문필봉이 어떤 산이냐고 물어보니 천관산이라고 한다.

그래서인지 장흥에서 글 자랑을 하지 말라는 말이 있을 정도로 문인이 많다. 사금 마을 방파제에 장흥 출신 이승우 작가의 글들을 표지판에 세워 놓았다. 「샘 섬」에 "섬 한군데에 무슨 상징처럼 말라비틀어진 나무 한 그루"나 「정남진행」에서 표현하는 가슴앓이, 아래쪽으로 쳐진 어

소등섬

머니의 가슴이라고 표현한 섬이 바로 앞에 있는 가금도인 것 같다.

하룻밤을 머문 회진항에서 바다를 보면서, 한강의 아버지 한승원 작가의 집은 왼쪽으로 3.1㎞이고, 지나쳐 온 신상리 마을이다. 이청준 작가 생가는 오른쪽으로 3.7㎞이고, 다음날 가는 길에 있다. 선학동 옆 동네 진목리에 이청준이 태어났고 말년에 귀향하여 문학작품을 썼다.

가금도

벼와 메밀이 익어가는 선학동 마을

이청준 작품 『선학동 나그네』는 임권택 감독이 만든 영화 '천년학'의 원작이다. 영화 촬영장은 회진을 벗어나자마자 바닷가에 그림처럼 예쁘게 서 있다. 그런데 선학동의 본래 이름은 산 밑 마을이란 '산저마을'이었다. 산밑의 평범한 산을 예술의 힘이 학으로 만들었다.

남파랑 길은 '이청준, 한승원 문학길'로 소개되어 있지만, 작가 생가는 들르지 않았다. 이번 여행 최대 목적지는 충무공 이순신 장군의 발자취인 회령포(회령진성)로써 지금의 회진이다. 퇴직 후에 수필로 문단에 등단한 문인이고, 여행작가 등단을 준비하고 있지만, 내 피는 아직 무인의 피가 더 진한 것 같다.

회진은 백의종군을 끝내고 삼도수군통제사로 복권된 장군이 경상 우

천년학 촬영지

회령진성과 상유12를 상징하는 공원 의자

수사 배설이 숨겨놓은 12척의 함선을 인수한 곳이다. 이곳에서 소위 취임식에 해당한 '회령포 결의'를 가졌고, 이곳 주민들의 도움으로 함선을 정비했다.

수군을 파하고 육지전을 택하라는 선조의 지시에 '금신전선 상유십이 今臣戰船 尙有十二'라는 유명한 말을 남겼다. 명량해전에서 한 척이 추가된 열 세척 전선으로 왜군을 무찌른다. 만일에 고분고분히 왕의 명령

을 따랐다면, 왜군은 아무런 저항도 받지 않고 바다를 통해 한양으로 올라갔을 것이다. 공원 의자도 판옥선 모양의 12개로 이를 기념하고 있다.

이처럼 장흥은 과거에는 무(武)로 나라를 유지하게 했고, 지금은 문(文)으로 나라를 빛내고 있다. '순천에서 인물 자랑, 벌교에서 주먹 자랑, 여수에서 돈 자랑, 진도에서 소리 자랑, 장흥에서 글자랑 하지 마라'는 말을 이번에 장흥에서 증명했다. 장흥은 문학의 고장으로 더욱 우뚝 서게 되었다. 작가뿐만 아니라, 번역자 노고도 함께 칭찬해 줘야 할 것이다.

덧붙이는 글: 고등학교 때 장흥 출신 선생님이 그렇게 자랑하셨던 탐진강을 걷지 못했다. 문필봉 천관산도 가보고 싶다.

진도, 삼별초 항쟁의 역사

진도(珍島)는 서해와 남해 경계에 위치하며, 제주도와 거제도에 이어 3번째로 큰 섬이다. 진도군에서는 한글로 풀이하여 보배 섬이라 부르고 있으나, 나는 보물섬이 더 좋다. 어렸을 때 읽은 동화 '보물섬'에서 해적이 숨겨 놓은 보물 지도와 보물이 생각나기 때문이다.

진도에는 강강술래, 남도들노래, 진도씻김굿, 진도다시래기, 진도아리랑, 진도만가 등 알려진 보물단지가 많다. 그래서 진도에서 노래자랑 하지 마라는 말이 있는데, 이곳 출신 송가인 가수 생가가 벌써 관광지가 되었고, 송가인 길도 생겼다.

진돗개 얘기도 뺄 수 없다. 어렸을 때 이모부가 진돗개를 구했는데, 서울에서 기름진 음식을 먹은 탓인지 오래 살지 못했다. 2020년 10월 발표된 사이언스 논문에 의하면, 진돗개 유전 정보 중 상당량이 뉴기니 고산개와 같은 계통인 것으로 나타났다고 한다.

진돗개 혈통의 이동처럼 이송 수단을 잘 활용하면, 바다가 땅보다 더 이동성이 높다. 삼별초가 진도를 택한 이유는 바다를 통해서 군사들이 쉽게 이동할 수 있고, 방어적 측면에서는 바다가 육지와 연결을 차단하는 지리적 이점을 활용한 것이다. 내가 진도를 걸으면서 찾은 보물은 바로 삼별초다.

강화도에서 일어난 삼별초는 승화후 왕온을 왕으로 추대하였으며, 연호를 사용하고 일본에 국서를 보내는 등 자주적 정통 고려임을 내세웠다. 삼별초가 강화도에서 진도로 옮기고, 부산 동래에서 연안의 내륙지역과 제주도까지 세력권을 유지할 수 있었던 것도 바다를 통한 이동성이다.

전라도와 경상도 남부에서 징수한 조곡이 개경까지 운반되지 못해서 고려 정부에 재정적 압박을 가할 정도로 삼별초 세력이 왕성했다. 삼별초가 용장산성에 들어온 지 아홉 달이 지나서, 김방경과 홍다구의 여몽 연합군이 전선 650척과 군사 1만여 명으로 쳐들어온다. 이제까지 적으로 싸웠던 몽골군과 고려 관군은 아군이 되고, 한때는 아군이었던 고려 관군과 삼별초는 적이 되었다

진도와 해안의 관문이었던 벽파진을 통해서 여몽 연합군의 중군이 들어온다. 이곳은 임진왜란 때 이순신 장군이 주둔하면서 소규모 해전을 치르던 조선 수군 임시 사령부였던 곳이다, 명량해전 하루 전에 기지를 옮겼던 역사적인 장소다.

벽파항을 내려다보는 큰 바위 위에 명량해전과 진도 출신 순절자를 기리기 위해 세운 벽파진 전첩비가 있다. 구룡자 역할을 하는 비석 받침 거북이에 다리까지 묘사한 것은 여기서 처음 본다. 해군 초기에는 벽파 해전을 기리기 위하여 '벽파' 이름이 들어가는 벽파함도 있었고, 건물 벽파관도 있었다.

벽파진과 용장사

좌군은 노루목(고군면 원포리 해변), 우군은 군직구미(고군면 마산리 뒷산)로 쳐들어온다. 조그만 성에서 10여 일 동안 버틴 것은 대단하다. 궁궐인 용장성은 성터만 남아 있고, 용장사는 우뚝 서 있다. 산성은 비가 와서 포기한다. 배중손 장군 사당이 웅장하여 흐뭇했으나, 이리로 옮겨 지은 사연을 나중에 알게 된다.

승화후 왕온은 아마도 우격다짐으로 왕위에 올랐을 것이다. 아들 왕환과 함께 쫓기다, 홍다구에 의하여 논수골에서 죽임을 당한다. 바로 옆 진도읍으로 가는 재는 지금도 왕고개라고 부르며, 왕이 죽은 곳임을 알리고 있다. 무덤이 있는 왕고개를 왕무덤재라고도 불렀고, 5~6기 무덤

전왕온묘와 삼별초 궁녀 둠벙

중 가장 큰 묘가 왕온 묘로 전해지면서, '전왕온묘(傳王溫墓)'라 부른다.

300㎞ 떨어진 집을 찾아온 진돗개 동네 의신면에서 가까운 '삼별초궁녀둠벙'은 부여의 벽화암처럼 궁녀가 빠져 죽은 얘기가 전해진다. 궁녀들은 창포리에서 만길재를 넘어서 쫓기다가, 언덕을 내려가 둠벙에 몸을 던졌다. 인터넷에는 여인네 울음소리가 나서 20여 년 전까지 밤에 이곳을 지나는 이가 거의 없었다고 씌어 있다.

마을 사람에게 물어보니, 자기들이 학교 다니던 길이다. 수심이 깊어서 절굿대를 넣으면 우수영 또는 금갑 앞바다로 나온다고 믿었다. 어렸을 때 이곳에서 수영하고 놀았는데, 궁녀가 몸을 던진 바위 쪽은 새파랗게 깊어서 가까이 가지 못했다고 한다. 가서 보니 생각보다 크지 않은 연못이고, 둠벙이라 하기에는 크다.

삼별초를 이끌던 배중손 장군은 용장성에서 남쪽 대각선 끝단쯤인 굴포항에서 죽었다고 전해진다. 본래는 굴포항 부근에 고산 윤선도가 방조제를 만들었던 것을 숭모하며 감사제를 지내던 곳이다. 1999년 배중손 후손들이 이곳에 사당을 세우면서, 윤 씨와 배 씨 문중 사이에 힘겨루기가 되었던 것 같다.

2003년 진도군이 배 씨 문중과 협의하여 배중손 동상과 비석 일체를 용장성 부근으로 옮겨서 갈등을 해소한 것은 잘한 일이다. 용장성 입구 배중손 사당을 크게 잘 지어 놓아서 흐뭇했지만, 지금 허전한 느낌은 무엇일까? 삼별초 전적지, 배중손 장군이 죽은 곳이라는 기념물이라도 하나 있었으면 좋겠다. 사실 윤선도는 여기가 아니라도 해남 등에 유적지가 많이 있다. 아니면 두 분 사당이 굴포항 부근에 같이 있다고 문제가 되지는 않았을 텐데….

굴포항, 윤선도 사당(왼쪽 사진 중간 소나무 우거진 해안)

배중손이 진도에서 못 이룬 한은 김통정이 제주도에서 잇는다. 삼별초 항쟁이 고려 정부에 대한 반란인지, 몽골에 항복을 거부한 항전인지는 관점에 따라 다를 수도 있다. 어떻게 해석하든지 고려군이 적군과 아군으로 나뉘어 싸우다 죽어야 했던 역사다.

덧붙이는 글: 운림산방 부근의 삼별초 공원도 동떨어진 느낌이다. 벽파항, 용장성, 전왕온묘, 삼별초궁녀둠벙, 굴포항 등 각 유적지를 점이 아니라 선으로 이을 필요가 있다. 진도에서 만든 '삼별초 호국역사 탐방길'에 얘깃거리(스토리텔링)가 더 풍부해지도록 길과 유적지에 대한 종합적인 검토가 필요하다.

바다는 넓고 출렁거렸지만, 땅은 깊고 오래 묻혀 있었다. 이제는 땅 깊숙이로 들어 갈 차례다. '방방곡곡' 대부분은 이렇게 2025년 한 해 동안 걷고 기록한 이야기다.

의정부를 떠나기 전에 경기도 각 시군을 일부러 찾아갔고, 영주와 안동은 대중교통 으로 오가며 둘러보았다. 이 여정들은 기존의 '길 따라'나 '마을 따라'와 달리, 특정 지역을 목표로 삼아 들렀다는 점에서 '방방곡곡'이라 이름 붙였다.

지금까지의 글은 마을 이름의 가나다순으로 실었다. 처음에는 한 곳에 글 한 편으 로 끝냈지만, 길이 길었던 곳이나 최근에 다녀온 곳은 글이 여러 편으로 늘어났다.

체력은 예전 같지 않다. 글솜씨는 조금은 나아졌을까? 글을 쓰다 보면 그 질문이 어 김없이 고개를 든다. 하지만 분명한 것은, 이 길 위의 모든 글은 내 발품으로 빚어 낸 기록이라는 사실이다. 벌써 다음 책을 기다리는 원고가 책상 위에 차곡차곡 쌓 여 있다.

가평, 궁예 부인 강씨의 슬픈 이야기가 전해지는 강씨봉

역사적으로는 궁예가 강씨 부인과 아들을 잔인하게 죽였다고 되어 있다. 왕조의 마지막 왕, 특히 왕조 교체기 때는 자신의 정통성을 높이기 위해서 전 왕조의 마지막 왕을 잔혹한 왕으로 기록한다. '걸견폐요'에 나오는 걸왕이 대표적 사례로써, 궁예도 그럴 가능성이 높다.

이를 증명하듯 가평에는 다른 얘기가 전해진다. 『가평군지』(2006)에 "아내의 말을 듣지 않은 궁예" 설화가 수록되어 있다. 부인과 자녀가 죽지 않고, 강씨봉 마을에서 귀향을 살았다는 것이다. 일부에서는 그냥 강씨 성을 가진 사람들이 살아서 붙여진 이름이라고도 하지만, 집성촌 주변 산에 성(姓)을 따라 이름을 붙이는 사례는 드물다. 따라서 궁예의 부인 강씨와 관련된 전설에서 유래했을 가능성이 크다.

강씨는 깊은 산골 강씨봉 마을에서 국망봉에 올라 남편 궁예를 위해 기도했다. 일부 전설에서는 궁예가 망하기를 기도했다는 상반된 내용도 전해진다. 궁예는 왕건에게 패배한 후 강씨봉 마을을 찾았으나, 강씨는 이미 세상을 떠난 뒤였다.

강씨봉을 따라 걷는 길은 경기 둘레길 17길이다. 강씨 부인 이야기를 중심으로 탐방하려면, 논남에서 강씨봉 자연휴양림 계곡을 따라 5.5km 떨어진 강씨봉 고개까지 갔다가 돌아오는 방법이 있다. 가평 사람에게 길을 물어보니 논남은 모르고 '적목리'라고 하니 알아듣는다. '가는골'에서 내리면 바로 강씨봉 자연휴양림이다. 가는골은 가고 오는 길에서 유래했거나, 계곡이 가늘다는 의미로 해석될 수 있다.

궁예 아들과 부인 강씨가 보냈다는 동자소와 연화소

계곡을 따라 '강씨봉소리향기길'이 시작된다. 궁예 아들이 물장구치며 놀았다는 '동자소'가 있고, 도성고개 삼거리를 지나면 강씨 부인이 시름을 달랜 '연화소'가 있다. 두 곳 다 고증을 거친 것은 아닐 테지만, 얘기(스토리텔링)가 된다. 두 아들은 왕건이 혁명을 일으킬 때 이미 버림받았기 때문에 살았을 수도 있다. 사실 우리 광산 이씨의 시조가 궁예 아들이라는 설이 있다. 겨울보다는 여름에 가는 것이 좋겠다.

도성고개는 강씨가 귀양을 왔을 때 성을 쌓아 '도성고개'로 불렸다는 설과, 고려 말 공민왕이 홍건적의 난을 피해 성을 쌓고 피신했다는 설이 있다. 또한, 포천에서 가평의 옛 이름 '토성(土城)'으로 넘어가는 길목이라 '토성현(土城峴)'으로 불렸다는 설도 있다.

강씨봉 고개는 원래 이름이 점점 잊히고 있다. 육군 오뚜기 부대가 길을 냈다고 하여, '오뚜기 고개'라는 이름으로 더 자주 불리는 것 같다. 역사와 문화 관광적 차원에서, 강씨봉 고개의 원래 이름을 되살리는 것이 바람직하다. 가평군에서 강씨봉 고개 안내판을 세우고, 이미 있는 연화소 등 안내판은 잘 보이도록 바꿨으면 좋겠다.

강씨봉 고개

가평은 물과 숲이 조화를 이루며 아름다운 풍경을 자랑한다. 이곳은 산자수명(山紫水明)의 고장으로, 맑은 물과 울창한 숲이 어우러진 자연의 보고(寶庫)다. 특히 가평 1경과 2경이 물과 관련된 곳이라는 점이 이를 잘 보여준다.

청평호반은 더 이상의 설명이 필요 없는 명소다. 호명 호수는 우리나

라 최초의 양수 발전소인 청평 양수 발전소의 상부 저수지로, 밤에는 물
을 끌어 올리고 낮에는 내려보내는 방식으로 전력을 생산한다. 호명산
은 '호랑이가 우는 산'이라는 뜻이다.

전설에 따르면 한 스님이 길에서 따라오는 강아지를 키웠다. 알고 보
니 그것이 호랑이였고, 호랑이 울음에서 호명산 이름이 왔다. 산 아래
상천 마을과 주차장 부근에는 익살스러운 장승이 세워져 있다. 장승을
보러 일부러 걸어서 내려왔는데, 내려가면서 마을과 계곡을 구경하는
재미가 있다. 상천역에서 호수까지 30~40분 간격으로 버스를 운행한다.

가평 산들은 특히 가을이면 더욱 빛을 발하는데, 명지산과 운악산은
단풍으로 유명하다. 가을에 찾은 '아침고요수목원'은 국화와 단풍이 어
우러져 한 폭의 풍경화를 보는 듯했다.

용추계곡은 그 풍경뿐만 아니라 의미를 잘 살리고 있다. 조선 말 성재

유중교가 아홉 구비의 이름을 지었고, 유근식이 각각의 바위에 그 이름을 새겨 놓았다. 이 때문에 용추계곡은 '용추 구곡'이라는 이름으로 불린다. 1곡은 용이 하늘로 오르는 형상의 와룡추고, 2곡은 아이를 낳게 해준 미륵바위가 있는 무송암이다. 아쉽게도 시간이 없어 다 보지를 못했다.

가평은 산과 물뿐만 아니라 섬까지 품고 있다. 남이섬은 설명이 필요 없는 대표적인 관광지이며, 자라섬은 가평역 부근에 있어 접근성이 좋다. 섬 안에서는 토끼를 많이 키우고 있어 '토끼와 거북이' 이야기가 자연스럽게 떠오른다.

가마우지가 땅에 내려와 토끼 새끼를 부리로 쫀다. 새끼가 굴로 피해 들어갔는데, 조금 뒤에 나온다. 그 새끼인지 다른 새끼인지는 모르겠는데, 가마우지가 바로 물고 날아가 버린다. 이를 보고 속상해하는 아내에게 자연의 섭리라고 달래 주었다.

가평 특산물로는 잣이 유명하다. 잣향기푸른숲은 잣나무가 가득한 숲길을 따라 걸을 수 있는 곳이다. 문재인 대통령 때 가평 잣 막걸리를 공식적으로 사용해서 유명해졌는데, 요즘은 판매망이 따르지 않는 것 같다.

걸어가다가 비가 와서 중간에 내려왔지만, 주변 산이 모두 잣나무다.

잣을 생업으로 해서인지 축령산에 산신제를 지내는 사당이 많은 것이, 산을 신성시하는 것 같다. 길에서 만난 주민이 음력 9월 1일에 소를 한 마리 제물로 바치는데, 흰 닭을 바치는 마을도 있다고 한다.

잣 상징물과 산신제를 지내는 사당

잣향기푸른숲, 아침고요수목원 등 새로 지은 감성적인 이름만 봐도, 문화관광에 많은 애를 쓰고 있는 모습이 엿보인다. 그리고 전통적인 우리말 땅 이름을 잘 보존하고 있어 더욱 정감이 간다. 아홉마지기마을, 마당골, 보아귀골, 연등벌, 석사울, 장재울, 개누리고개, 샘말, 절골, 우목골 등 이름을 한자로 바꾸지 않고 우리말 그대로 쓰고 있다. 이처럼 가평은 맑은 물과 울창한 숲, 아름다운 산과 섬, 그리고 그 속에서 살아 숨 쉬는 전통과 문화가 조화를 이루는 곳이다.

덧붙이는 글: 2021년 2월에 한강을 따라 가평에 왔었다. 갓길이 없어 위험하기는 하지만, 쁘띠 프랑스까지 길은 매우 아름답다. 2024년 11월에 아침고요수목원을 방문했다. 이후 경기 둘레길을 걸었고, 의정부를 떠나기 전에 강씨봉소리향기길을 일부러 찾았다.

아침고요수목원

강화도, 섬 전체가 역사 박물관

"우리나라는 전 국토가 박물관이다"라는 말이 유홍준 씨의 『나의 문화유산 답사기』 첫 장에 나온다. 강화도는 단위 면적당으로도 그렇거니와, 특히 고대부터 지금까지 전 시대를 관통하는 역사 유적지를 품고 있다.

참성단은 단군의 제천단으로 알려져 있고, 단군과 연관된 내용이 많다. 고려 권근의 『양촌집』에 고려 태조 왕건 이전부터 이미 여기서 단군

에 제사를 올렸다는 구절이 있다고 하니, 최소한 1천 년 넘도록 지켜온 풍습이다.

나는 고조선을 세운 왕검이 특정한 사람을 가리키는 고유명사가 아니고, 당시에 부족장 등 지배자를 부르는 보통명사라고 생각한다. 지배자의 보통명사에는 왕이 있고, 신라 마립간과 몽골의 칸이 있으며, 임금님과 상감마마도 있다.

몽골 지도자 호칭에 옹칸이라는 직책이 있다. 칭기즈칸의 숙적으로 유명한 '토그릴 옹칸'이 있고, '탱그리 옹칸'도 있다. 나는 탱그리는 당골레이고 옹칸은 왕검으로서, 탱그리 옹칸은 '당골레 임금(왕검)'이라고 생각한다. 그렇다면 여기가 고조선 중심지이거나 서울이라고 생각할 필요가 없고, 이 지역에서 일정 세력을 갖춘 왕검(옹칸)이 제사를 지냈을 것이다.

(마립)간과 (옹)칸은 같은 말로써 '간+ㅎ=칸'이다. 말(馬)과 바람 소리로 시끄러운 초원에서는 거센소리 '칸'이, 조용한 벌판에서는 예사소리 '간'이 되었을 것이다. 또 '왕검'은 '임금'을 한문으로 바꿀 때, 뜻으로 (임금) 王과, 음으로 금·검·감이 더해진 말이다. 금·검·감은 임금, 대감, 상감처럼 높임말이다. 한마디로 왕검은 임금님이라는 보통명사다.

'검'은 주변 검단 땅이름에도 남아 있다. 인천시는 '검'은 신 또는 왕을 뜻하는 고대 한국어(黔=儉=衿), '단'은 마을을 뜻하는 고대어(丹=旦=屯=吞)로써 신, 왕의 마을, 신에게 제사를 지내는 마을"이라고 설명한다. 서구에서는 검단의 검(黔)은 검은색을, 단(丹)은 붉은색을 뜻하며 검붉은 갯벌이 많아 붙은 이름이라고 소개한다. 나는 인천시 의견에 동의한다.

강화도는 여러 곳에 고인돌이 분포된 지붕 없는 박물관이다. 부근리에는 53톤의 큰 고인돌과 박물관이 있고, 교산리 고인돌은 별립산 해발 340m 북쪽 구릉에 있다. 고인돌은 지배자의 권위적인 상징이므로 통상적으로 동네나 논밭인 낮은 평지에 있는 편이다.

사람의 힘으로 큰 돌을 산으로 끌고 올라가기도 매우 힘들었을 텐데, 산에다 만들었다. 혹시 평지에 고인돌을 만드는 장례문화에서 산에 매장하는 문화로 바뀌는 전환기에 만들었을까? 아니면 아예 돌이 많은 곳을 무덤으로 선택했거나, 인구가 늘어 경작지가 부족했을까?

교산리 고인돌

강화도는 고려 말기 대몽골 전쟁을 계속하기 위하여 1232년에 수도를 이곳 강화도로 옮겨서 1270년에 개경으로 돌아갈 때까지 수도 역할을 하였다. 갑곶리 탱자나무는 천연기념물 78호로써 몽골군 기병의 접근을 막기 위해 심었다.

조선 숙종 때 48개의 돈대를 완성하고 이후 6개를 더 만들어서 5진 7보 53돈대가 완성된다. 당시에는 난공불락의 요새와 진지라고 할 수 있다. 몽골의 공격에도 버텨냈지만, 공성 장비 발전에는 견딜 재간이 없었다. 초지진 소나무에는 포탄 자국이 남아 있다.

갑곶리 탱자나무

미국과 신미양요(1871) 때 광성보에서 많은 군졸이 전사했다. 서문 바로 안에 있는 연무당은 강화부 군사 훈련을 위해 1870년에 만들어진 곳이다. 이곳에서 1876년에 일본 제국과 체결된 조약은 외국과 맺은 최초의 근대적 조약이다. 불평등 조약인 '조일수호조규'로써 우리는 '강화도조약' 혹은 '병자수호조약'이라고 부른다.

분오리 돈대, 초지진 소나무

강화도는 전 시대 역사를 품고 있고, 외침을 막는 역사적 현장이다. 고려말에는 물길이 외부 침략을 막아줬으나, 조선 말에는 외세가 물길을 따라서 침입한다. 한 시대의 아픔과 새 시대의 산고 고통을 모두 겪은 지정학(地政學)·역사박물관이다.

연무당 옛터와 주변 강화 석수문

덧붙이는 글: 광성보 전투에서 조선군 500명 중 300명이 죽거나 다쳤다. 100명은 자결하고, 20명이 포로로 잡혔다고 한다. 특히, 어재연 장군 동생 어재순이 형을 돕다 함께 전사하였고, 이를 기리는 쌍충비가 있다.

고양, 최영 장군과 태조 이성계의 끝나지 않는 인연

통상적으로 식당들이 '원조'를 자처하는데, 마을에도 '원조'가 있다. 고양시 원조는 고양동으로, 상전벽해라는 말이 딱 들어맞는 도시다. 1980년대 후반, 고양에 조문을 갈 때만 해도 산을 등지고 벌판을 낀 평범한 농촌이었다. 지금은 일산신도시가 조성되면서 사람들이 고양을 일산에 속한 것으로 알 정도로 크게 변모하였다.

고양동이라는 이름 자체가 원조임을 증명하고 있지만, 벽제관에는 500년 넘은 느티나무가 있다. 바로 옆 향교골에도 500년 넘은 은행나무가 있어 오래된 마을임을 증명하고 있다. 특히, 향교가 있다는 것은 이곳이 과거 행정 중심지였음을 나타낸다.

조선 시대에는 강력한 중앙집권체제였다. 권력을 누리는 왕과 왕족, 권문세가는 한양이나 경기도에 거주하며, 죽어서도 이 지역에 묻혔다. 성주풀이에 나오는 가사처럼, 높고 낮은 무덤에는 영웅호걸과 절세가인이 따로 없는 법이지만, 여기는 무덤에 많은 사연이 남아있다.

경기문화재단에서 주관하는 '경기 옛길' 탐방에 참여하였다. 의주로

가는 제2길은 '고양 관청길'로, 고양 벽제관지에서 출발하여 파주 혜음
원지까지다. 현대적으로 표현하면 고양 벽제 호텔(벽제관)에서 파주 혜
음 호텔(혜음원)까지다. 사실 벽제관은 조선 시대 중국으로 떠나는 사
신과 중국에서 온 사신이 머물던 숙박 장소고, 혜음원은 고려 시대 개경
과 남경을 오가는 사람들을 위해 만든 숙박 장소다. '고양 관청길'이라는
이름은 과거 고양 관청이 이 길에 있었음을 의미한다.

이 길은 경기 옛길과 고양 누리길 12길이 겹치는 구간이다. 해설은
고양에서 태어나 군 생활만 연천에서 하고, 한 번도 고양 지역을 떠나지
않았다는 문화재 관리 공무원이 맡아 주었다. 그분 해설 덕분에 고양의
속살을 들여다볼 좋은 기회가 되었다. 고양 누리길 중에서 이 길만은 인
증 도장뿐만 아니라, 최영장군 묘에서 찍은 사진을 제시해야 한다.

사실 고양 누리길에 대해서는 얼마 전 알게 되었다. 아내와 오뉴월 뜨

거운 땡볕을 맞으며 경기 둘레길을 걷던 중, 같은 방향으로 걷는 모자를 만났다. 통상 길에서 만난 사람은 인사만 하고 지나치지만, 이분들은 함께 걷자고 권했다. 고양 누리길은 그늘지고 편안한 길로 여름에 걷기에 좋다고 추천받았다.

벽제관에서 출발해 최영 장군 무덤을 둘러보던 중, 나이 드신 두 분이 헉헉거리며 올라오는 모습을 보았다. 동주 최씨 문중 사람들이었고, 해설사가 담당 공무원임을 알아보았다. 그들은 무덤으로 올라오는 길을 갈지(之)자로 완만하게 만들어 달라고 하였다. 해설사는 전주 이씨가 포함된 사유지라서, 먼저 이씨 문중과 협조해야 한다고 대답했다.

그 말을 듣는 순간, 대자산에 있는 최영 장군과 조선 태조 이성계 후손 간의 질긴 인연이 아직 끝나지 않았다는 생각이 들었다. 조국 고려를 멸망시키고 자신을 죽음으로 몰아넣은 이성계 후손들이 최영 장군 무덤을 둘러싸고 있기 때문이다.

대자산은 태종의 넷째 아들 성녕 대군이 열네 살에 죽어 묻힌 곳으로, 왕이 지은 대자사라는 절에서 이름이 유래되었다. 대자동은 고양동처럼 유래가 깊은 마을로, 조선 왕족 무덤이 많다. 이곳에는 소현세자 후손인 경안군과 임창군 묘가 있다. 경안군은 소현세자 셋째 아들이고, 임창군은 경안군 맏아들이다. 소현세자는 청나라에서 귀국할 때 청나라 문물을 들여왔다는 이유로 인조의 눈 밖에 나 독살당했다는 설이 있다.

임창군 장남 밀풍군은 소현세자에 대한 동정심으로 왕실 어른으로 대우받았다. 이인좌의 난 때 왕으로 추대되어 역모에 가담한 셈이 되었다. 결국 자결형을 받아 죽었고, 이곳에 묻혔다. 또 주변에는 단종 누나인 경혜공주 묘도 있다. 어린 동생 단종 죽음과 남편 정종의 능지처참을 지

최영 장군 무덤

켜보아야 했던 비운의 공주다.

최영 장군은 아버지 가르침인 "황금 보기를 돌같이 하라"를 실천하며 검소하게 살았다. 정권 걸림돌로 간주되어 부정 축재자로 몰려 억울하게 죽었다. 장군 원한으로 인해 무덤에 풀이 자라지 않는다는 이야기가 전해져 왔다. 어린 시절 위인전을 읽으며, 수백 년이 지난 지금도 풀이 자라지 않을까 궁금했었다. 현장을 직접 보니 잔디가 무성하게 자라고 있다.

인터넷을 검색하니 1976년에 무덤을 재정비한 뒤로 잔디가 잘 자란다고 하여, 고양시청 담당자에게 확인하였다. 과거에는 주변 무덤에 비해 잔디가 잘 자라지 않아 황토색으로 보였으나, 1976년 이후 잔디가 무성해졌다는 것이 사실이다. 아마도 장군 원한이 이제야 풀린 듯하다.

주변에는 아직도 풀이 나지 않는 무덤이 있다. 소현세자를 따라 청나라에서 온 명나라 궁녀 출신 '굴씨의 묘'다. 굴씨는 조국 명나라를 멸망시킨 청나라의 몰락을 죽어서라도 지켜보겠다며, 청나라로 가는 길가 서쪽에 묻어달라고 유언하였다. 원한이 아니라 응달이라 그렇겠지만,

무덤에는 풀이 거의 자라지 않고 있다.

지금 최영 장군 묘는 잔디가 잘 자라고 있고, 많은 사람이 장군의 충절을 흠모하며 찾아오고 있다. 억울하게 죽은 원혼이라서 무속(巫俗)에서 가장 영험한 장군으로 모셔지고 있다. 우연의 일치지만 장군을 둘러싸고 있는 태조 이성계 후손들 무덤은 대부분 비운의 주인공들이다. 최영 장군 묘 주변은 흥미로운 이야기가 넘치는 장소로, 고양시의 풍부한 문화적 자산임을 다시금 느끼게 한다.

덧붙이는 글: 벽제관에는 전쟁과 관리 부실로 터와 주춧돌만 남아 있다. 부속 건물인 육각정은 일본 총독이 일본 이와쿠니시로 불법 반출하였다. 그런데 왜식으로 개조했지만, 아직 남아 있는 웃지 못할 현실이다.

당진, 1,100년 된 은행나무가 지키고 있는 면천

충청남도 당진시 면천면은 오랜 역사와 문화를 품은 지역으로, 과거 당진의 중심지 역할을 했던 곳이다. 백제 시대에는 '혜군(兮郡)', 통일 신라 경덕왕 때는 '혜성군(兮城郡)'으로 불렸으며, 고려 충렬왕 19년 (1293)에는 면천 출신 복규(卜奎)가 합단병(哈丹兵)을 격퇴한 공을 세우자 '지면주사(知沔主事)'로 승격되었다.

지면주사의 '면'에서 '면천(沔川)'이라는 이름이 유래했다. 이는 중국 『시경』의 한 구절에서 따온 것이다. "물이 가득 흘러서 바다로 모여 들어간다(면피류수沔彼流誰, 조종우해朝宗于海)"에서 면천이라는 이름이 나온 것이다.

한편, 면천 안내판이나 당진시 홈페이지에서는 합단병을 원나라 혹은 거란군이라고 설명한다. 충렬왕 13년(1287), 칭기즈칸의 막냇동생 옷치긴 후손이자 요동 일대를 근거지로 삼았던 내안(乃顏, 나얀)이 쿠빌라이에게 대항해 반란을 일으켰으나 실패했다. 이후 합단은 충렬왕 16년 (1290)에 요동에서 몽골 진압군에게 패배한 뒤, 두만강을 건너 고려를

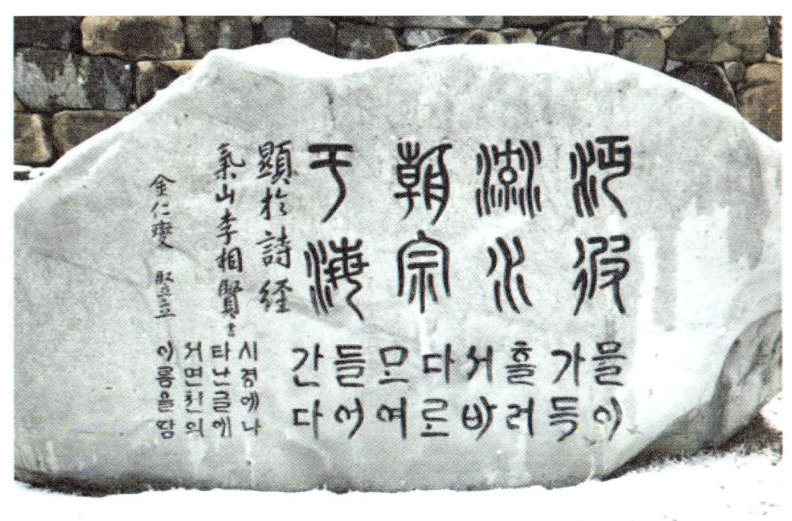

침범하였다.

고려와 조선, 해상 교통의 요충지

면천은 고려와 조선 시대를 거치며 군사적·경제적으로 중요한 거점이었다. 충청도 조운(漕運)의 중심지로 전국에서 운반된 곡식을 보관하는 창고가 자리 잡고 있었다. 그러나 성종 8년(1477년), 창고가 범근내에서 공세곶으로 이전되면서 조운 중심지 역할은 다소 축소되었다. 그럼에도 면천은 해산물과 소금 생산지로 명성을 떨쳤으며, 해안가 지역은 궁방과 권세가들에게 강제로 빼앗기기도 했다.

면천에 읍성과 향교가 있듯이, 당진과는 별도의 행정구역이었다. 한때는 당진군과 동격인 군(郡)으로 22개 면을 관할 했다. 1914년 4월 1일, 면천군이 당진군에 편입되면서 '마암면'이 되었고, 1917년 '면천면'

으로 개칭되면서 본래 이름을 되찾았다.

인근 합덕은 본래 '부곡(部曲)'이었다. 고려의 향·소·부곡은 노비와 양인 사이의 피차별 계층을 의미한다. 고려 충렬왕 24년(1298), 고을 사람 황석량이 원나라에서 공을 세운 덕분에 '합덕현'으로 승격되었다. 이후 고종 32년(1895) 면천군에 편입되었으며, 1973년 읍(邑)으로 승격되면서 현재 면천면과 비교되는 지역이 되었다.

면천 읍성과 1,100년 된 은행나무

면천 읍성은 낙안읍성처럼 완벽하게 보존되지는 않았으나, 여전히 그 흔적을 간직하고 있다. 성벽 사이로 도로가 나 있어 옛 모습이 일부 훼손되었지만, 일부 성벽은 남아 있다.

이른 저녁, 식당 주인이 눈이 와서 문을 일찍 닫는 덕분에 시간이 넉넉해 마을을 둘러보기로 했다. 마을 입구에는 300년 된 느릅나무 보호수가 우뚝 서 있다. 당진에서는 이처럼 오랜 세월을 견뎌온 나무들을 '아름다운 나무'라고 부른다.

읍성 안에는 선비들이 학문을 논하고 풍류를 즐겼던 '풍악루(風樂樓)'

가 복원되어 웅장한 자태를 뽐낸다. 바로 옆에는 '조종관(朝宗館)'이라 불리는 객사가 자리하고 있다. 한때 면천 초등학교로 사용되면서 상당 부분 훼손되었지만, 원형을 살려 복원되었다.

특히, 이곳에는 1,100년이 넘은 두 그루의 은행나무가 오랜 세월 풍상을 견디며 굳건히 서 있다. 이 나무들은 면천두견주와 함께 면천을 대표하는 명물로, 고려 개국공신 복지겸 장군과 관련된 전설이 전해진다.

장군이 고향 면천으로 돌아와 병을 앓게 되자, 그의 딸이 아미산에서 백일기도를 올렸다. 그때 신령이 나타나 "아미산 진달래꽃과 안샘물로 술을 빚어 장군께 드리고, 집 앞에 은행나무를 심어 정성을 다하면 병이 나을 것이다."라고 일러주었다. 그렇게 빚어진 술이 바로 면천두견주이며, 그때 심은 은행나무가 오늘날까지 살아남아 2016년 천연기념물 551

호로 지정되었다. 장군 사당과 무덤은 마을에서 약 1km 떨어진 곳에 있다.

향교 앞에는 '골정지'라는 큰 연못이 있고, 객사 동쪽 은행나무 아래에도 작은 연못이 자리 잡고 있다. 연못 한가운데 둥근 섬을 만들고 그 위에 팔각정을 세워 '군자정(君子亭)'이라 불렀다. 군자정은 연못에 연꽃을 심고, "흙에서 나왔으나 물들지 않는다."라는 뜻에서 군자의 덕을 상징하는 이름이다. 군자정으로 건너는 돌다리는 자연석 네 개를 이어 만

든 것으로, 1803년에 축조된 소중한 문화유산이다.

100년 된 옛 우체국 건물은 '100년 된 우체국 카페가 되다'라는 '미인상회'의 감성적인 카페로 탈바꿈했다. 이전한 우체국 자리는 다시 '면천읍성안 그 미술관'으로 활용되고 있다.

읍성 내에는 지금은 문을 닫은 전파사, 미나래 떡집 등이 남아 있어 마치 수십 년 전 고향 풍경을 그대로 옮겨놓은 듯한 분위기를 자아낸다.

덧붙이는 글: 설날 연휴 동안 서해랑 64-1에서 64-5길을 걸었다. 서해랑길은 내포 문화 숲길에서 합덕으로 이어진다. 인근에는 솔뫼성지, 합덕성당, 그리고 고려 시대 이전에 축조된 조선 3대 저수지 중 하나인 합덕제가 자리하고 있다.

서산, 647년 만에 귀향
- 다시 돌려준 금동관음보살상

경북 영주시 부석면에는 한국을 대표하는 사찰 중 하나인 부석사가 있다. 의상대사와 선묘의 전설로도 유명한 이곳은, 『무량수전 배흘림기둥에 기대서서』(최순우), 태백산을 바라보는 경치(유홍준)가 있다. 그런데 충남 서산시에도 한자까지 같은 부석면과 부석사(浮石寺)가 있다. 이곳 역시 의상대사와 선묘의 전설이 전해지고 있다.

서산 부석사는 서해랑길 64-1길에서 2.4km 정도 떨어져 있고 길에서 보인다. 들를까 지나칠까, 잠시 고민한다. 방방곡곡을 다녀야 하는데,

또 다시 여길 오기 어렵다. 설경이 아름답다는 인터넷 정보가 작용해서 가보기로 했다. 이곳에 금동관음보살상이 있다는 사실을 전혀 몰랐다

마을 입구에 '부석사 금동 관세음보살상 귀향 환영'이라는 현수막이 걸려 있다. 불상에 대한 깊은 속사정을 알지 못했지만, 지역 주민들의 애향심을 느낄 수 있었다. 길을 따라가다 보니 서해랑길 표식이 걸려 있는 것으로 보아, 과거에는 이 길이 서해랑길인 것 같다.

부석사가 위치한 도비산은 높지 않지만, 역사적 사연이 있는 산이다. 조선 태종 16년(1416), 태종이 아들 충녕대군(훗날 세종대왕)과 함께 이곳에서 사냥했다. 임금이 참여하는 군사훈련의 일종인 강무(講武)다. 왜구 침입이 잦은 현장을 둘러보고, 다음 해부터 해미읍성을 쌓았다고 한다. 실제로 그해에 덕산(德山)에 있던 충청도 병마절도사 병영(兵營)을 이곳으로 옮기는 논의가 시작되었다는 기록과 일치한다.

이곳을 더욱 의미 있게 만드는 것은, 647년 만에 잠깐 되찾은 금동관음보살상의 사연이다. 이 불상은 1330년 고려 시대에 서주 부석사에서 제작되어 봉안되었으나, 1378년 왜구가 침입해서 약탈하였다. 이후 1526년 대마도 관음사가 창건되면서 주존불로 모셔졌고, 일본에서 오랜 세월을 보냈다.

2012년에 한국 문화재 절도범들이 일본에서 훔쳐 밀반입하였다. 법정 공방이 시작되었고, 2017년 1월 대전지방법원은 원래 불상을 소유했던 부석사가 왜구에 의해 약탈당했다는 역사적 기록을 인정하여 '반환 불가' 판결했다. 검찰이 애국심을 발휘했으면 좋으련만, 이에 불복하고 항소했다. 2023년 2월, 대전고등법원은 서주 부석사와 서산 부석사의 동일성과 연속성이 인정되기 어렵다며, 서산 부석사가 소유권을 주장할 수 없다고 판결했다. 다만 불상의 인도 여부는 민사소송이 아닌 유네스코 협약이나, 국제법에 따라 결정해야 한다고 판단을 보류했다.

대법원은 2023년 10월, 고려 시대 서주 부석사와 현재 서산 부석사가 동일한 권리주체라고 인정하면서도, 일본 민법에 따라 대마도 관음사가 이 불상을 시효 취득했다고 판단했다. 즉, 한국으로서는 '도둑맞은 불상'이지만, 일본 법 기준으로는 '적법하게 취득한 문화재'로 해석한 것이다. 이 판결로 인해 불상은 다시 일본으로 돌아가야 한다. 일이 잘 풀렸으면

절도범은 의적 일지매가 될 뻔했다.

　이는 일본이 불법적으로 가져간 수많은 문화유산 문제와 맞닿아 있으며, 법과 상식이 항상 일치하지 않는다는 점을 되새긴다. 이 불상은 2025년 5월 5일까지 서산 부석사에서 공개될 예정이다. 2025년 석가탄신일이 지나면 고향을 떠나지만, 전 세계가 '부처님 손바닥 아닌가?'라며 위안한다. 절 뒤편에 마애불과 산신각이 자리하고 있다.

마애불

　이 지역이 '부석(浮石)'이라는 이름에 걸맞도록 많은 돌이 있다. 마을 곳곳에도 돌을 세워 놓은 모습을 볼 수 있다. 참고로 영주 부석마을 한글 이름은 선돌골이다. 경북 영주 부석사에는 산신각 대신 선묘각이 있다. 혹시 이곳 산신각에 선묘상이 있나 궁금했지만, 눈 쌓인 돌계단이 위험해서 호기심을 참았다. 부석면과 부석사라는 같은 이름을 가진 두 사찰이 있지만, 각기 다른 역사와 사연을 간직하고 있다. 호기심이 없었으면 잠시 고향에 돌아온 불상과 겨울 부석사 풍경을 놓칠 뻔했다.

서산, 천년 미소 길을 따라

발이 푹푹 빠지는 눈밭을 지나며 겨울 개심사의 눈꽃을 만끽했다. 할머니 한 분이 "이런 눈은 처음이테유" 하신다. "일부러 눈 보러 태백산까지 가는 사람도 있는데, 실컷 구경한 셈 치세요."라고 대답했다. 개심사는 대웅전을 비롯해 보물이 7개나 있는 사찰로, 백제 의자왕 14년(654)에 세워졌다.

개심사에서 보원사 터까지는 산을 넘어가면 고작 1.9km밖에 안 되지

만, 발이 푹푹 빠지는 산길을 혼자 가다가는 사고 날 가능성이 높다. 결국 빙 돌아서 가기로 한다. 강댕이골(용현계곡) 입구에 강댕이 미륵불이 서 있다. 길 왼쪽 언덕에 있어서 그냥 지나치기 쉽다. 용현리 미륵불보다는, '강댕이 미륵불'이라는 이름이 더 신비롭고 정겹게 들린다.

원래 고풍 저수지 윗부분, 물이 잠기는 곳에 있던 것을 지금의 자리로 옮긴 것이다. 형태로 보아 고려 후기에서 조선 초기에 만든 것으로 추정된다. 서산시 운산면은 서해를 통해 드나들던 길목이었다. 그들의 안전과 무사고를 기원하며 세운 것으로 보인다.

조금 더 가니 길가에 전설이 깃든 '인바위'가 나온다. 옛날, 상왕(像王)이 도장을 바위 속에 숨겼는데, 이를 가지려던 사람이 석공을 불러 바위를 깨뜨리려 했다. 그런데 갑자기 구름과 안개가 몰려오더니 천둥이 치고 소낙비가 퍼부으며 산천이 진동했다. 눈앞도 보이지 않을 정도

강댕이 미륵불, 인바위

였다. 겁에 질린 그 사람은 "아, 귀신이 보호하는구나!"라고 깨닫고 황급히 작업을 멈췄다고 한다.

조금 더 가면 '천년의 미소' 주인공, '서산마애삼존불'이 나온다. 1959년, 부여박물관장 홍사준 선생이 그 존재를 알리기 전까지는 외롭게 산을 지키던 돌부처님이다. 유홍준 씨가 한적한 곳에 있는 제대로 된 유물을 보여달라는 동생 가족을 데리고 갔던 곳이 바로 이곳이다. 아마도 『나의 문화유산 답사기』 덕분에 더 유명해졌을 것이다.

마애불이 숲에서 세상으로 나오게 된 이야기도 흥미롭다. 홍사준 선생이 보원사 터를 조사하면서 마을 사람이나 나무꾼들에게 "산속에서 부처님을 새긴 것이나 무너진 석탑을 본 적 있냐?"라고 묻곤 했다고 한다. 이 지역에는 본래 99개의 암자가 있었는데, 어느 스님이 100개를 채우겠다고 절을 하나 더 지었다가 모두 불타버렸다는 전설이 있을 정도로 절이 많았던 곳이다.

인바위 아래 골짜기에서 만난 나이 든 나무꾼이 말했다. "부처님이나 탑 같은 건 못 봤지만유, 저 인바위에는 환하게 웃는 산신령님이 한 분 계세유. 양옆엔 본마누라와 작은마누라도 있시유. 근데 작은마누라가 의자에 다리 꼬고 앉아서 손가락으로 볼을 찌르며 '용용 죽겠지~' 하고 놀리니까, 본마누라는 장돌을 쥐고 집어 던질 채비를 하고 있시유."

『나의 문화유산 답사기』에 따르면, 금동미륵반가상, 일본 고류지의 목조 반가사유상, 일본 호류지의 백제관음 등은 백제계 불상일 것이라는 심증이 있었다. 그런데 서산 마애불이 등장하면서 이 심증이 확실한 물증으로 바뀌었다.

미술사적으로도 삼존불 형식이면서 곁보살의 독특한 배치와 신비로운 미소 표현이 의미가 깊다. 사실 6~7세기 불상의 미소는 당시 동북아시아에서 유행하던 표현법이었다. 이후 7세기가 지나면서 불상에서는 미소가 사라지고, 절대자로서의 근엄함이 강조된다.

서산 마애불은 동짓날 해 뜨는 방향, 일조량을 가장 넓게 받을 수 있는 방향을 고려해 세운 것이다. 경주 토함산 석굴암의 석불과 같은 방향을 향하고 있다. 평생 이곳을 관리해 온 성원 할아버지는 마애불의 미소가 시간과 계절에 따라 달라진다고 했다. 아침 미소는 밝고 평화롭고, 저녁 미소는 은은하고 자비로우며, 가을날 미소가 제일 아름답다는 것이다.

김이 모락모락 나는 따뜻한 국밥 한 그릇이 간절했지만, 입구 식당은 봄이 올 때까지 기다려야 한다니 아쉽기만 하다. 방선암이라는 바위는 과거에는 문인들이 시를 지으며 신선 놀이를 하던 곳이다. 지금은 계곡을 따라 음식점들이 자리 잡아 시민들이 즐겨 찾는 관광지가 되었는데, 여기도 모두 문을 닫았다. 비상식량으로 허기를 때운다.

보원사 절터에는 10세기경에 만들어진 석조를 비롯해 보물로 지정된 당간지주, 오층석탑, 법인국사보도, 법인국사보도비 등의 유물과 초석이 남아 있다. 절의 연대를 알 수 있는 백제시대 금동여래입상과 통일신라시대 금동여래입상이 발견되었고, 고려 광종 즉위년(949)에 만든 철불좌상은 현재 국립중앙박물관에 보관 중이다.

오층석탑은 부여 정림사 오층석탑의 백제 전통과 통일신라시대 삼층석탑 기단 형식이 결합된 고려시대 대표 석탑이다. 산 아래에 있는 법인국사 보도와 비는 고려시대 팔각당 부도의 전형적인 모습으로, 당대 대표작이라 한다.

천 년을 살아온 미소로, 조용히 나를 배웅하는 마애불을 뒤로 하고 운산면으로 발걸음을 재촉한다. 다행히 버스를 만나서 시간이 남았고, 남은 시간을 활용하여 여미리로 가는 행운을 얻을 수 있었다.

덧붙이는 글: 이 길은 유홍준의 『나의 문화 유산답사기』가 많은 도움이 되었다.

서산, 달빛 예촌 여미리 마을을 걷다

　설달그믐날과 정월 초하루에 서산시 운산면을 찾았다. 운산은 '구름 속에 있는 산'이라는 뜻으로, 가야산과 직접 관련이 없는 이름이라고 하는데도 결론적으로 가야산과 잘 어울리는 이름이다.

　이곳은 서해랑길 64-3의 끝 지점이자 64-4의 시작 지점으로, 경로상 한 번은 들러야 하는 곳이다. 원래는 문천면에서 역방향을 걷기로 했지만, 동네 사람들도 처음이라고 하는 큰 눈이 내리고, 걷기 앱도 제대로 작동하지 않아 계획을 변경했다.

　서산에 가서 식사하고 해미로 이동하기 위해 직행버스를 탔다. 버스가 운산을 지나기에 운산에서 내렸다. 내리자마자 눈에 띄는 커다란 나무를 멀리서 찍었다. 점심을 먹으려고 음식점을 찾았으나 문을 연 집이 없다. 마침, 해미로 가는 시내버스가 와서, 일단 해미로 향했다. 이것이 설달그믐날에 운산을 들른 첫 번째 사연이다.

　다음 날 정월 초하루, 마애불 등을 보고 다시 운산면으로 돌아왔다.

원래 서산에서 숙박할 예정이었지만, 조용한 시골 경제에 조그만 이바지를 하기로 했다. 먼저 전날 낮에 봤던 나무로 향했다. 1982년 기준으로 600년 된 느티나무 두 그루가 긴 세월을 함께하고 있다.

운산

　하루 종일 제대로 된 식사를 하지 못했는데, 명절을 철저히 쇠는 시골이라서 문을 연 식당이 없다. 결국 컵라면을 먹고 막걸리를 사서 주머니에 넣었다. 그런데 밤에 막걸리를 사러 나오니 통닭집 두 곳이 문을 열었다. 처가에 가면 씨암탉을 잡는다는 말처럼 한국인에게 닭은 특별한 의미가 있는 음식인 것 같다.

　시골 모텔에서 시간을 보내기보다는 '유기방 가옥'을 찾아가기로 했다. 어두워지려면 두어 시간 남았고, 2km 정도인 거리라 걷기에 좋은 거리다. 마을 입구에 꽤 큰 소나무가 서 있고, 그 아래에 돌상이 보였다.

소나무는 2005년 기준으로 300년이 되었으며, 높이는 35m에 달한다.

　이 돌상은 '서산 운산면 여미리 석불입상'으로, 1970년대에 약 1km 떨어진 용장천에서 발견되어 이곳으로 옮겨졌다. 내려오는 얘기에 따르면 냇가에서 5km 상류 지역에 두 구의 불상이 있었다고 하니, 그중 하나가 떠내려온 것으로 추정된다. 나중에 검색해 보니, 낮에 봤던 강댕이 석불과 이곳의 황운사 석불입상이 고려 시대 작품이며 지방화된 양식이라고 한다. 그럴 줄 알았으면 황운사도 들렀을 텐데, 사전 준비 없이 유기방 가옥만 찾은 것이 아쉬웠다.

강댕이 석불, 여미리 석불

　석불입상에서 눈 쌓인 언덕을 넘어가면 100미터 근방에 '유상묵 가옥'이 있다는 푯말이 있다. 1925년 종5품을 지낸 유상묵이 명당이라 하여 운현궁을 본떠 지은 집이다. 행랑채는 원래 초가였으나, 1960년대 양식

기와로 교체되었다. 마을과 숲이 가려서 길에서 보이지 않았던 곳이다. 눈 쌓인 지붕과 높은 담장을 보고 다음 장소로 가기 위해서 돌아선다.

유상묵 가옥

멀리 홍살문이 보였으나 돌아오는 길에 보기로 했다. 곧이어 달빛 미술관이 나타났고, 길옆 언덕에는 정자가 하나 있다. 일반적으로 정자는 경치 좋은 곳에 세우는데, 이곳은 논과 앞마을을 바라보는 평범한 경치에 세웠다. 아래에서 올려다보는 눈 쌓인 모습의 정자 자체가 더 멋있다. 나오면서 선정묘에서 보는 경치가 더 좋았다.

여미리 마을회관 근처 삼거리에는 1982년 기준 250년 된 고목이 홀로 서 있다. 회관 앞에는 '달빛藝村(예촌) 餘美(여미)'라는 글씨가 새겨진 돌이 세워져 있으며, 회관 현판과 안내판도 다른 곳과는 격이 다르다.

심지어 비닐하우스 담장도 기와 조각으로 예쁘게 쌓아서 마을 전체가 미술관과 기념관 같은 분위기를 자아낸다.

서산 유기방 가옥은 1919년에 지어진 집으로, 유상묵 가옥처럼 둥그런 담장이 특징이다. 여기는 관광상품으로 개발하였다. 봄이면 수선화가 만발하며, 야외 카페와 놀이터도 있다. 대문 앞에 강아지 한 마리가

있다가 반갑게 맞아주었다. 집을 둘러본 후 나서자, 강아지가 배웅하는
것처럼 앞장선다.

유기방 가옥 옆에 330년 된 여미리 비자나무 숲이 있는데. 눈도 많이
쌓이고, 해도 지고 추워서 그냥 지나쳤다. 마을회관 옆 돌계단을 올라가
면 정자가 나오지만, 눈이 쌓여 있어 망설이는데 강아지가 냉큼 올라갔
다. 언덕을 올라가니 올 때 길에서 봤던 홍살문이 있던 선정묘다.

선정묘는 조선 2대 왕 정종의 네 번째 아들 신성군과 부인 3명을 모신
곳이다. 정조는 동생 이방원과 왕위 계승 문제로 피를 보기 싫어서 자식
을 출가시켰다. 신성군은 여기서 유유자적한 삶을 보냈는데, 그의 자손
이 번성했다고 한다.

유기방 가옥이 유기를 만드는 집인 줄 알고 방문했지만, 뜻밖의 발견
이 많았다. 원래 시군 단위로 여행 글을 쓴다. 여미리는 몇 곳을 보지 못
했음에도 마을 하나만으로도 하나의 글이 될 만큼 얘깃거리가 많다.

정해현과 여미현이 합쳐져 해미라는 이름이 만들어졌는데, 여미리의

한자가 옛 여미현과 같다. 대동여지도와 비교해 여미현과 여미리가 같
은 지역이 아니라는 블로그 내용이 있지만, 여미리는 여전히 역사와 문
화가 살아 숨 쉬는 곳이다.

해미 향교, 눈 덮인 느티나무 아래 유교의 풍경

설날 연휴, 예보대로 대설경보가 내려 인적은 끊겼고, 길도 미끄러웠다. 거리를 걷는 건 어렵겠다 싶어 버스를 탔다. 가보지는 못했지만 '해미'라는 이름은 많이 들어서 익숙했고, 무엇보다 이곳은 마을도 크고 먹고 잘 곳도 있으리라는 생각이 들었다. 찻길에는 제설 작업도 어느 정도 되었을 터였다. 그렇게 도착한 곳이 해미였다.

버스에서 '해미향교' 정류소가 보이고 안내 방송이 나오자 망설임 없이 내렸다. 향교 입구에는 수백 년 된 느티나무가 서 있었다. 나무 꼭대기까지 흰 눈이 고루 덮여 있었고, 그 모습은 마치 하얗게 분을 바른 채 묵묵히 세월을 지켜보는 노인의 얼굴 같았다. 그 위에 자리한 해미 향교는, 도착하는 순간부터 '오길 참 잘했다'라는 탄성이 절로 나왔다.

향교에는 총 16그루의 나무가 있는데, 길가에서부터 홍살문까지는 연륜이 깊은 나무들이 많고, 안쪽으로는 비교적 나이가 적은 나무들이 자리하고 있다. 느티나무는 약 300년 된 것으로 추정되며, 향교의 정적과 설경이 어우러져 한 폭의 동양화를 보는 듯했다.

일반적으로 향교에는 은행나무를 심는 경우가 많다. 이는 공자가 고향인 중국 곡부에서 큰 은행나무 그늘에 단을 마련하고 제자들을 가르쳤다는 유래에서 비롯된 것이다. 또한 은행나무는 열매에 씨가 하나만 들고 벌레가 끼지 않는 특성 덕분에 유교에서는 '충성'과 '지조'의 상징으로 여긴다. 유홍준 관장은 『나의 문화유산 답사기』에서 광주, 고부, 그리고 명륜당 앞 은행나무를 세 곳의 명물로 꼽은 바 있다.

내가 방문한 다른 향교들을 떠올려보면, 과천 향교는 가을 단풍과 은행잎이 어우러져 볼만했고, 광주 향교는 향교 밖에 다섯 그루의 오래된 은행나무가 서

여름에 찾은 광주 향교 은행나무와 겨울에 찾은 해미 향교 느티나무

있었다. 하지만 해미향교의 나무는 은행이 아닌 느티나무다.

또 하나의 특징은, 향교에 이르기 전 왼쪽 마을 길로 빠지는 좁은 골
목길이 정갈하게 꾸며져 있다는 점이다. 장독대와 화단이 어우러진 그
골목길은 향교를 단순한 역사 공간이 아니라 마을의 일부, 생활의 풍경
으로 이어주는 다리처럼 느껴졌다. 지금까지 여러 향교를 둘러봤지만,
향교 주변을 이렇게 예쁘게 꾸며 놓은 곳은 처음이었다.

향교 건물은 대체로 비슷한 구조를 갖는다. 제례 공간인 대성전이 중
심에 있고, 그 좌우에는 위패를 모신 동무(東廡)와 서무(西廡)가 자리한
다. 앞쪽에는 교육 공간인 명륜당이 있으며, 그 좌우에 학생용 기숙사였
던 동재(東齋)와 서재(西齋)가 있다. 일반적으로 동재는 양반 자제가,
서재는 중인과 상민 계층의 학생이 사용했다고 한다.

이러한 배치는 전통적으로 전학후묘(前學後廟), 즉 앞에 학교, 뒤에
제사 공간을 두는 방식이다. 한국 지형상 향교의 뒷부분이 산이나 언덕
인 경우가 많아 자연스럽게 스승의 위패를 더 높은 곳에 모시게 된다.
반대로 전묘후학(前廟後學) 배치는 성현의 권위를 더욱 앞세운 구조라

할 수 있다.

나는 향교를 찾을 때 그곳이 담고 있는 역사적, 문화적 단서들을 함께 읽고 싶다. 향교는 단지 유교 교육의 공간이 아니라, 해당 지역이 과거에 군현(郡縣) 등 독립행정기관이었음을 보여주는 문화 자산이기 때문이다. 예를 들어 고성의 향교는 행정 단위 변경에 따라 이전했으며, 평택은 세 지역이 합쳐져 향교도 세 곳이다. 양평은 양근과 지평, 곡성은 옥과를 흡수하면서 두 개의 향교를 갖게 되었다. 향교를 통해 지리와 행정, 교육과 생활의 역사가 함께 드러난다.

가는 곳마다 많은 향교를 둘러보았지만 대부분 비슷해서, 최근에는 일부러 먼 길을 찾아가지 않고 길 주변에 있으면 들르는 편이다. 해미향교는 그런 면에서 내게 주어진 선물 같은 곳이었다. 조용한 시골 마을, 눈 내린 겨울 풍경, 그 속에서 아내와 나 둘만이 향교 마당에 서 있었다. 느티나무의 고요한 그림자와 함께 잠시 시간을 잊었다.

향교 옆 한옥 마을 뒤편에는 전통적인 ㄷ자형 집도 보였다. 내 경험상

충청도 지역에 이러한 구조의 집이 가장 많다. '디자 집' 안마당에 쌓인 눈, 낮은 담장, 굽은 기와지붕. 이 모든 것이 '겨울'이라는 계절과, '향교'라는 공간이 만나 만들어내는 낭만이었다.

해미읍성까지는 불과 1.3㎞ 거리다. 대부분의 여행자는 해미읍성을 찾지만, 그에 앞서 조용히 이 향교에 들러보기를 권하고 싶다. 눈 덮인 교정에서 우리는 단지 유교의 풍경만이 아니라, 고요한 시간을, 잊힌 배움의 공간을, 그리고 자신과 마주하는 느린 발걸음을 만날 수 있다.

덧붙이는 글: '해미'는 본래 '정해현(定海縣)'과 '여미현(麗美縣)'이 통합되어 생긴 이름이다. 해미읍성이 유명해서 '읍'인 줄 알았는데, '면'이다. 해미읍성 이야기는 이미 잘 알려져서 여기서는 생략한다.

서천, 소나무 숲에서 동백정 앞바다까지

서천에 오기 전에는 이 지역에 관해서 아는 게 별로 없었다. 서해에 접해 있으니, 서산이나 서천은 서쪽의 산이나 내를 의미한 줄 알았다. 막상 뜻을 찾아보니 '서산(瑞山)'은 상서로운 산, '서천(舒川)'은 펼쳐진 내를 의미한다. 이름에서부터 예상을 벗어난 서천과의 첫 만남이다.

또 모시로 이름난 한산이라는 지명이 이순신 장군이 삼도수군통제사로 주둔했던 한산인 줄 알았는데, 여기가 모시로 유명한 한산(韓山)이다. 낯익은 이름에 기대고 있던 머릿속 지도가 하나둘 무너졌다.

서천은 장항과 서천 두 개의 읍, 그리고 한산, 비인을 포함한 11개 면으로 이루어져 있다. 과거에는 서천군, 한산군, 비인군으로 나뉘어 있었으나, 1914년 행정구역 개편으로 통합되어 지금의 서천군이 되었다.

여기에 오기 전에 부안과 군산, 김제를 보고 여기서 느낀 점은 "시외버스정류장 하나에도 동네의 규모나 특색이 그대로 드러난다"라는 사실이다. 서천 시외버스정류장에는 서울행 버스가 하루에 고작 세 대뿐이고, 정류장 건물도 몇 평 남짓한 작은 사무실이다. 다음 날 버스에서 만난 시골 노인이 알려 주었는데, 이곳은 버스보다는 기차 이용이 더 활발하다고 한다.

그동안 서해랑길을 북에서 남으로, 남에서 북으로 몇 구역씩 나눠 걸었다. 이번에는 북쪽으로 올라가면서 서해랑길에 마침표를 찍는 지점이 서천이다. 그리고. 해파랑과 남파랑에 이어서 서해랑의 모든 길을 완주하는 의미에서 이번 여행은 더욱 특별하다.

우선 군산에서 장항읍으로 넘어왔다. 장항은 아주 오랜 역사를 간직한 곳이다. 백제 멸망 때 당나라의 대군이 이 땅을 짓밟고 지나갔고, 왜구의 침입이 심했기에 수군영도 설치되었다.

이곳이 더욱 의미가 있는 이유는 신라 문무왕 16년(676), 이 앞바다 기벌포(伎伐浦)에서 나당전쟁의 마지막 결전이 벌어졌다. 이때 신라의 사령관 시득 장군이 당나라의 설인귀를 물리쳐 결국 당나라가 물러가게 된 역사적인 장소다.

근대에는 1930년 장항항이 개항하면서 항만 도시로 성장했고, 1954년에는 장항 농업고등학교 학생들이 바닷바람을 막기 위해 소나무를 심었다. 당시엔 '실습'이나 '공동 작업'으로 불렸겠지만, 지금 기준에서 보면 노동력 착취라는 비판도 가능할 것이다.

그렇게 학생들 구슬땀으로 심어진 2년생 곰솔(해송) 1,200여 그루는 수십 년의 세월을 거치며 '장항 송림자연휴양림'을 이루었다. 한여름 8월에는 맥문동과 어우러져 한 폭의 아름다운 풍경을 만든다고 한다. 서천 9경 중 하나이며, 2019년에는 국가 산림문화자산으로 지정되었다. 숲과 붙어있는 서천 갯벌은 바다 갯벌과 소나무 숲, 햇볕과 그늘이 잘 어우러지는 곳으로, 서천 시민의 자랑거리다.

시내버스를 타고 서천읍으로 들어섰다. 시외버스정류장이라는 버스 안내 방송을 듣고도, 정류장이 보이지 않아서 지나쳤다. 시외버스정류장이 1층짜리 조그마한 건물이라 지나치기 쉬웠다.

식당을 찾던 중 '서천 향교' 표지판이 보여 점심을 먹고 들러보기로 했다. 식당 아주머니에게 "서천에 와서 보지 않으면 후회할 곳이 어디입니까?" 하고 물으니, 동백정과 죽도를 추천해 주었다. 죽도는 나의 '그 섬에 가고 싶다' 목록에 없고, 우선은 향교를 보고 동백정으로 향했다.

달빛마을 바로 옆에 서천읍성이 있고, 향교는 읍성 바로 아래 자리 잡고 있었다. 안내판에 서천읍성과 한산읍성이 복원 중이라고 알려 준다. 남문 망루 위에 한 마리 개가 쓸쓸히 나를 바라보았는데, 성을 지키는 개라기보다는 유기견처럼 느껴졌다.

향교는 문이 잠겨 있었지만, 동재와 서재, 동무와 서무가 모두 남아 있다. 거제처럼 향교를 개방하면 좋을 텐데……. 향교 부근에도 의자가 없고, 바로 앞 교회에도 의자가 없다. 앉을 만한 시설이 없어, 바닥에 앉아서 쉬어야 했다.

다음으로 향한 곳은 동백정이다. 장항 소나무밭, 신성리 갈대밭과 더불어 서천이 자랑하는 식물 군락지 중 하나다. 여수 오동도나 선운사의 동백나무도 유명하지만, 서천 동백정은 또 다른 이야기와 정취를 간직하고 있다.

동백정에는 당집이 하나 서 있고, 동백나무와 얽힌 이야기가 전해져 내려온다. 하나는 500년 전, 마량진 수군 첨사가 바다에 만개한 동백꽃을 꿈속에서 본 이야기다. 꿈속 노인이 "그 꽃나무를 심으면 마을이 흥할 것"이라 했고, 이에 동백나무를 심었다는 것이다.

또 하나는 남편과 자식을 잃은 노인이 동백정 앞바다에서 승천하는

용을 보고, 용왕을 잘 모셔야 재난을 피할 수 있다고 믿은 이야기다. 꿈
에 신령이 나타나 해안에 떠내려온 상자를 열어보라고 하였다. 그 안에
는 서낭 다섯 분과 동백 씨앗이 들어있었고, 서낭은 신당에 모시고 씨앗
은 동산에 심었다. 이 씨앗들이 심어진 동산과 서낭당이 동백정의 유래
가 되었고, 이는 공동의 희망과 믿음의 상징으로 전해진다.

서천, 삼과 모시
– 한산의 기억과 만나다

한산면은 서천 동쪽 맨 끝자락에 자리 잡고 있다. 백제시대에는 마산면에 소속되어 있었고, 조선초 태종 13년(1413) 한산군이었다가 1914년 한산면으로 변경되어 오늘에 이르고 있다. 지리적으로 인근의 부여, 익산과 연결되어 교류가 활발하게 이뤄왔다. 이러한 조건 때문에 한산은 옛부터 공동 유산과 서민들의 희로애락이 한데 어우러진 고장이었다.

세모시와 소곡주, 한산 이씨, 월남 이상재, 고려 말 대학자 목은 이색과 문헌서원, 한산향교, 한산읍성과 지현리 3층 석탑, 그리고 봉서사 등 유서 깊은 유산들이 한산이라는 한 공동체의 이야기를 만들어왔다.

여행 첫날에는 서천읍성을 중심으로 서쪽의 장항과 동백정 주변을 걸었다. 마지막 여행일에는 한산 동쪽으로 걸음을 옮겼다. 목적지는 한산의 심장과 같은 문헌서원과 한산 모시관이다. 또 신성리 갈대밭은 순천 등 다른 갈대밭과 비교를 위해서 포함하게 되었지만, 한산 여행의 또 다른 매력을 기대했다.

　지도에는 "영모리"로 표시되어 있지만, 현장에선 "문헌서원"이라는
이름의 버스정류장이 나를 맞이한다. 이 정류장에는 서천읍에서 하루
네 대의 버스만 오간다. 서원 입구에는 한옥 형태의 문헌 전통호텔이 세
워져 있으며, 서원 왼쪽 뒤 이색의 무덤 주변은 한결 깔끔하게 단장되어

문헌서원, 이색 무덤

있다. 서천군이나 한산 이씨 종친회가 이 유적지를 세심하게 관리해 온 듯했다.

목은 이색은 고려 말 대학자로 고려에 대한 충절과 학문으로 이름나 있다. 영덕 괴리시 외갓집에서 태어나 여주 신륵사에서 세상을 떠났고, 셋째 아들이 한산 기린산에 모셨으며, 그도 여기서 아버지 아래에 묻혔다. 이 모든 곳을 다녀봤으니 나도 웬만한 여행가가 되었다.

다음 목적지 한산 모시관으로 4km 걸어가면서 어린 시절의 기억들이 하나하나 떠올랐다. 증조할머니는 밭에서 키워낸 삼과 모시를 긴 손톱으로 한올 한올 풀어나갔다. 어머니는 한밤중에도 베틀 앞에 앉아 '덜커덕덜덜커덕' 소리를 내며 옷감을 짰고, 어린 나는 할머니의 풀어진 실 하나하나, 어머니의 베 짜는 소리에 맞춰서 잠들던 기억이 또렷하게 생각나 심금을 울렸다.

삼베는 서민들의 옷이었다. 천이 거칠고 따갑지만, 그것마저 한 세대의 희생과 검소함이었다. 반면 모시는 한올 한올 풀어진 실처럼 곱고 부드러워 할아버지나 어르신들이 아끼셨던 옷감이었다. 이러한 옷감 하나하나에도 한산 사람들의 이야기와 세대의 기억이 깃들어 있다는 생각이 들었다.

한동안 옷감은 현금처럼 유통되어 국가의 경제 기반과 세제에도 활용됐다. 청의 요청으로 러시아에 병력을 파병할 때 포수에게는 자장목 15필, 영장(장교)에게는 30필을 줬다. 무명베 15필이 주어진다는 조건에 지원자가 쇄도했다는 기록도 있다. 일반적으로 한 필은 약 40척, 16m 정도의 길이에 해당한다.

한산 소곡주는 임금에게 진상되었던 백제시대 명주다. 옛 선비가 과

낮잠으로 여행을 마무리한 부여의 당산나무

거 보러 한양으로 올라가던 길에 한산에서 소곡주를 한잔 걸치고 일어나지 못해 과거시험마저 치지 못하게 되었다는 일화와 "앉은뱅이 술"이라는 별명을 만들어내기도 했다.

모시관 옆 식당에서 모시 국수와 모시 막걸리를 한 주전자 주문했는데, 별미였다. 주인 말대로 한산 버스정류장으로 걸어가다 한산읍성까지 볼 수 있었다.

버스에서 할아버지가 말을 걸며 동네의 사정과 옛이야기를 풀어나갔다. 서천은 철도교통을 주로 이용해 서울로 연결되는 버스는 세 대라는

말에 나의 궁금증이 풀렸다. 인근 부여는 버스가 30분마다 한 대꼴로 운행된다. 갈대밭은 서천이지만 옆 마을은 부여이고, 오후 4시 20분에 부여로 가는 버스가 있다는 유용한 정보를 얻었다.

JSA 촬영지였던 신성리 갈대밭은 넓지 않고, 뙤약볕에 쉴만한 시설이 없는 한적한 곳이었다. 동네 앞, 520년 넘은 팽나무 옆에서 주민 네 명이 한가롭게 쉬고 있었다. 나무 그늘에서 한 시간 넘게 깜빡 잠이 들었다. 어렸을 때 당산나무 옆에서 뛰놀거나 잠들었던 기억들이 마음 한구석과 함께했다. 그렇게 한산 여행의 마지막 오후는 느긋하게 흘러갔다.

양주, 정조의 선정(善政)과
탐관오리에 대한 임꺽정의 분노

    양주를 본격적으로 살펴보기 전에는, 시청 앞 큰 돌에 새겨진 '6백 년 역사 새 천 년의 터'라는 문구를 주제로 삼았다. 양주는 고려 시대에 전국 12목 중 하나였던 양주목으로, 조선 시대에는 군이 되었다. 1922년 군청이 시둔면(현 의정부시)으로 이전되었으며, 이후 도봉구·노원구·강북구·중랑구 등의 일부 지역이 서울시로 편입되었고, 의정부, 남양주, 동두천이 분리·독립하면서 현재의 행정구역이 형성되었다.

    2025년 2월 16일 자전거를 이용하는 것으로 계획했다. 양주역에서 출발해 유양동에 있는 향교와 관아지를 거쳐 시계방향으로 한 바퀴 도는 방법과, 회암사지를 먼저 보고 반시계 방향으로 도는 방법이 있는데, 시계방향으로 가기로 했다. 넉넉잡아 이틀이면 충분할 것으로 예상했으나, 결국 사흘이나 걸렸다.

향교와 관아지, 임꺽정 생가터 등이 모여 있는 유양동 일대

양주 향교는 홍살문에서 바로 보이지 않고, 2~300m 정도 떨어져 있는 것이 특징이다. 입구에는 고목이 서 있고, 동재와 서재 건물은 복원되지 않은 대신, 은행나무에 '동재터', '서재터'라는 팻말이 걸려 있다. 또 다른 특징으로는, 명륜당 앞에 마치 경복궁 근정전 앞의 품계석처럼 보

이는 돌이 세워져 있다.

향교 바로 옆에는 '양주별산대놀이마당'이 있다. 장단 소리가 들려 연습하는 모습을 볼 수 있을 것으로 기대했으나, 향교를 보고 가니 문이 닫혀 있고 조용했다. 양주별산대놀이는 우리나라에서 공연 시간이 가장 긴 탈춤으로, 1964년 12월 7일 국가무형문화재로 지정되었으며, 2022년에는 여러 탈춤과 함께 유네스코 인류무형문화유산으로 등재되었다. 별도 공연장과 전용 버스까지 운영되는 것으로 보아, 전통이 이어지고 있음을 느낄 수 있었다.

양주목 관아는 양주의 자존심이라 잘 복원되어 있다. 현장에 답이 있

듯이, 관아 터 뒤에 있는 '어사대(御射臺)'를 보고 양주의 주제를 정하게 되었다. 어사대는 정조가 활을 쏜 곳이다. 1792년 광릉(세조의 능)을 참배하러 가던 중 큰비로 다리가 끊겨, 백성들의 부담을 고려해 다리를 새로 놓지 않고 우회하여 양주에 머물렀다.

이처럼 백성을 생각하는 군주가 있었지만, 탐관오리의 횡포로 인해

어사대

도적이 된 인물이 바로 임꺽정이다. 그의 생가터는 이곳에서 불과 900m 밖에 떨어져 있지 않다. 임꺽정은 백정 출신이었기에 차별을 받았고, 칼을 능숙하게 다루었을 것이다. 과거 TV 드라마에서는 탐관오리가 백정 몫인 가죽에 붙은 살까지 빼앗아 가는 것으로 묘사했다.

조선 후기 실학자 성호 이익은 조선의 3대 도적으로 홍길동, 장길산과 함께 임꺽정을 꼽았다. 당시 위정자들은 그를 단순한 도적으로 몰았

지만, 백성들 사이에서는 탐관오리에 맞선 의적이라는 평가도 존재했
다. 실제로 많은 백성이 그를 숨겨주거나 도망을 도왔다고 전해진다.

임꺽정 생가는 행정구역상 은현면이고, 큰길에서 도보 3분 거리에 있
다. 현재는 길이 위험하다는 이유로 출입이 금지되어 있다. 그의 생가
뒤편에 높은 봉우리는 '임꺽정 봉'이라는 이름을 가졌다. 만약 정조처럼
선정(善政)을 베푸는 군주가 있었다면, 임꺽정도 평범한 백정으로 생을
마감했을지도 모른다. 대신에 임꺽정 봉은 다른 이름을 가졌을 것이다.

백석읍과 광적면을 거쳐 남면으로

대모산성으로 가는 길은 백석읍에서 시작된다. 입구 근처의 '산성말'
이라는 마을 이름은 '산성마을'에서 유래했으며, 성을 지킨다는 뜻의 '방
성동'에 위치한다. 산성은 6~7세기에 축조된 것으로 추정되며, 불곡산
과 호명산 사이 해발 213m 구릉지에 있다. 이곳은 임진강과 한강을 연
결하는 전략적 요충지로, 양주의 중요성을 상징하는 유적이다.

길가에 소머리굿놀이 전수관 안내판이 보인다. 소놀이굿은 양주 일
대에서 전승되고 있는 굿 형식의 연희로써, 1980년에 중요 무형유산으
로 지정되었다. 광적면 가납리에는 370년(1982년 지정) 된 느티나무가
있으며, 보호수 지정번호가 27번인 것으로 보아 양주는 고목이 많은 오
래된 고을임을 알 수 있다.

남면 매곡리에는 조선 말기(1870년대) 건축된 백수현 가옥이 있다.
명성황후가 위급 시 피난처로 사용하기 위해 서울의 고택을 이곳으로
옮겼다고 전해진다. 사랑채, 별당채는 없어지고, 안채와 행랑채만 남아

있다. 이 동네 특징은 곳곳에 솟대가 있고, 밑둥에는 동네를 상징하는 매화 문양을 새겼고, 위는 문패 역할을 하고 있다.

한산리에는 일곱 그루의 은행나무가 있는데, 그중 가장 큰 나무는 600년(1982년 지정) 된 것으로 높이 20m, 둘레가 7m에 달한다. 네 그루는 한눈에 보이게 가까이 있고, 나머지는 찾아봐야 한다. 이 마을은 한

한산리 은행나무와 태풍 성당

쪽은 은행나무가 지키고 있고, 한쪽은 예쁜 군대 성당이 지키고 있다. 어제 자전거를 여기에 세워 놓고 집으로 갔다.

동네 식당에서 점심을 먹으며 나이 든 주인에게, 이곳은 양주 북쪽에 있는데 왜 남면이냐고 물어보았다. 자기도 궁금했다고 하니 답이 없다. 1914년에 봉산면(鳳山面)과 이산면(尼山面)이 통합되면서 "남면"이 되었다. 당시 북면(현재 연천군 남부 및 포천 일부)에 비해 남쪽이어서 남면이 되었을 가능성이 크다.

황방리에는 삼균주의로 유명한 독립운동가 조소앙 선생님의 기념관이 있다. 임시정부 외무부장을 지냈으며, 1950년 국회의원 선거에서 전국 최다 득표로 당선되었으나, 6.25 전쟁 중 납북되었다. 능참봉을 하던 아버지를 따라 포천에서 태어났으며, 생가는 이곳이다.

기념관 옆에는 천연기념물로 지정된 느티나무가 서 있는데, 수령이

조소앙 기념관과 천연기념물 느티나무

약 850년으로 추정되며, 높이 27m, 둘레가 8.4m에 달한다. 밑동이 썩어 속이 비어 있는 상태지만, 여전히 웅장한 자태를 자랑한다. 누가 소원을 빌었는지, 마시고 버렸는지 막걸리 한 병이 놓여있다.

의정부를 떠나기 일주일 전, 미뤄두었던 양주 회암사에 다녀왔다. 작별 인사처럼 눈보라가 몰아쳐서, 눈 덮인 회암사를 봤다. 봄날에 이런 눈 풍경을 담게 된 사진가 두 명도 "복 받았다"라고 생각했다. 워낙 이름난 절이라 자세한 소개는 생략한다. 다만, 계단 위에서 태극무늬를 발견한 순간은 뜻밖의 선물 같았다.

회암사에서 나오는 길, 김삿갓의 고향이라는 표지판이 눈에 띈다. 오래전에 조성한 공간인 듯, 곳곳이 낡아 새 손질이 필요해 보인다. 풍류와 해학의 상징인 인물을 기리는 데에 걸맞은 정성이 더해지면 좋겠다.

느티나무 앞에 막걸리는 정성으로 바친 것일까? 쓰레기를 버리고 간 걸까? 라는 궁금증이 지금까지 남아있다.

화암사와 김삿갓 고향

연천, 선사 유적에서 분단의 최전선까지 시간이 쌓인 길

연천의 역사는 30만 년 전인 구석기시대까지 거슬러 올라간다. 전곡리 선사유적지는 1978년 3월, 고고학을 전공한 주한 미군 병사 그렉 보웬이 한탄강 언저리를 여행하던 중 주먹도끼로 보이는 석기를 발견하면서 세상에 알려졌다. 이 유적은 한국 구석기 연구의 전환점을 마련했으며, 지속적인 발굴을 통해 현재까지 약 8,500점의 유물이 출토되었다.

선사시대 큰돌(거석) 문화

전곡리 선사유적지는 역사 현장 학습에는 좋은 장소지만, 관광객의 기대와는 다소 다를 수 있다. 사람들이 흔히 상상하는 큰돌(거석) 문화는 청동기 시대 유물이기 때문이다. 하지만 연천에는 청동기 시대의 큰돌 문화 유적도 풍부하다. 고인돌과 돌무지무덤(적석총) 등을 통해, 이 지역이 옛부터 마을을 형성한 큰 고을이었음을 알 수 있다.

　연천에서 발견된 고인돌(지석묘)은 총 31기로, 이 중 통현리에 9기가 집중되어 있으며 학곡리에 5기, 전곡리에 4기가 있다. 통현리 고인돌을 둘러본 후 고구려 석실분 안내판을 발견했지만, 인근에서 일하는 주민

들조차 그 위치를 몰랐고, 대신에 고인돌 공원이 옆 동네에 있다고 알려 주었다. 비교적 이동이 용이한 고인돌 16기는 통현리 고인돌 공원으로 옮겨 관리하고 있다. 공원에 있는 진상리 2호 고인돌과 무등리 고인돌 에는 패인 자국이 있다. 무등리 고인돌 자국은 북두칠성 모양처럼 보인다.

　학곡리와 삼곶리 돌무지무덤은 출토된 유물을 통해 3세기경 만들어 진 것으로 보인다. 돌무지무덤은 고인돌 이후의 지배층 무덤 양식이다. 초기에는 자연석을 쌓았지만, 국가가 성장하면서 다듬은 돌을 사용한 장군총 같은 무덤이 등장했을 것이다. 학곡리 돌무지무덤은 마귀할멈이 치마폭에 돌을 날라 쌓았다는 전설이 전해지며, 마을 주민들은 이를 '활 짝각담'이라고 부른다. 삼곶리는 9월과 10월에 가면 댑싸리 축제를 즐 길 수 있다.

학곡리와 삼곶리 돌 무덤

삼국시대 격전지

고구려의 남진 정책과 방어 전략에서 중요한 역할을 한 성곽들도 있다. 호로고루성, 당포성, 은대리성이 대표적이다. 이 성들은 내부는 흙을 다지고 외부는 돌을 쌓아 올린 토심석축 구조로 되어 있다. 호로고루성과 당포성은 정교하게 다듬은 돌을 사용했지만, 은대리성은 거칠게 자른 현무암을 이용한 점이 특징적이다. 무대리에 두 개의 고구려 보루가 남아있다.

고려 왕조와 함께 하는 연천

연천에는 고려 시대의 흔적도 남아 있다. 숭의전은 고려 왕조의 충신

호로고루, 당포성

들을 기리는 사당으로, 원래 고려 태조 왕건의 원찰이었던 앙암사가 있던 자리다. 조선 태조 이성계가 고려 왕조를 위해 사당을 세운 것은, 고려에 대한 민심을 다독이기 위한 목적일 것이다. 건물은 6.25 전쟁 때에 불타 다시 세워졌으나, 두 그루 느티나무는 전쟁을 겪고도 600년 넘게 그 자리를 지키고 있다.

　이곳에서는 매년 4월 첫째 일요일에 춘계대제가 열린다. 음력을 양력

은대리성, 고구려 보루

으로 바꿨지만, 이어지는 것이 더 중요하다. 귀신같이 알고 찾아올 것이기 때문이다. 숭의전 입구에는 왕건이 마셨다고 전해지는 어수정(御水井) 샘물은 여전히 철철 넘쳐흐른다. 인근에는 왕건의 31세손 할머니가 운영하는 식당이 있으며, 고려 충렬왕 때부터 이어졌다는 내림 소주 맥을 잇고 있다. 2020년 11월에 평화누리길을 걸으며 일행들과 한잔 나누었던 기억이 난다.

2025년 4월 6일 춘계 대제에 다녀왔다. 용산역 왕씨 문중 차를 탔는데, 내년부터는 연천군에서 주관하고, 대중교통 편을 권장한다. 산신제는 앞날에 올리고 왕과 고려 충신 가문이 참가하는 매우 큰 행사다. 본래는 8명의 황제를 모셨으나 세종 때 4명으로 줄였다. 명분은 현재 왕조도 5분을 모시니 그보다 규모를 줄이라는 의미일 것이다.

문종 때 16명의 공신을 추가 배향하면서 숭의전으로 불리게 된다. 황

산신제를 지내는 숭의전 입구 나무와 춘계대제

제에게 올리는 술은 익는 순서에 따라 범제, 양제 등으로 불리고, 신하에게 올리는 술은 주(酒)라고 한다. 한문이 익숙하지 않은 세대를 위해, 통역처럼 한글로 쉽게 설명하면 좋겠다. 공신 문중까지 함께 하니 제주(祭主)가 매우 많다.

연천에는 고향 경주로 돌아가지 못하고 이곳에 묻힌 신라 마지막 왕 경순왕 무덤도 있다. 아마도 강을 이용해 경주로 이송하려 했으나, 민심을 자극할 것을 우려해 연천에서 장사를 치른 것으로 보인다. 당시에는 '개성 100리 이내에 무덤을 조성해야 한다'라는 규정이 없었다고 한다. 이는 대한제국 고종의 사망 후 민심이 폭발했던 사례를 떠올리게 한다.

원나라에 공녀로 끌려갔다가 황제 혜종의 황후가 되고, 아들 소종을 낳아 황제로 만들었던 기황후 무덤(능)터가 있다. 친정 오빠 기철 등이 공민왕에 의해 처형당해서 고려에 대한 원망이 컸을 것이다. 그럼에도 그녀가 황제와 태자를 위한 원당을 금강산 장안사와 유점사로 지정한 것을 보면, 고향 산천에 대한 그리움도 컸던 듯하다.

멀리서 보면 기황후의 무덤이 잘 남아 있는 것 같지만, 실제로는 풍천 임씨 문중 묘역이다. 인근에서 일하던 노부부에게 물어보니, 소나무가 있는 곳이 '기황후릉터'라고 한다. 황후가 귀양을 온 것도 아닌데 왜 이곳에 묻혔을까? 혜종이 대청도로 유배된 일이나, 원·명 교체기 때 원나라 왕족을 제주도로 이주시킬 계획 등을 고려하면, 기황후의 유품이나 일부 유해가 돌아왔을 가능성이 있다. 그리고 기황후를 제향하는 큰 재실 또는 재궁이 있어 그 주변은 재궁동(齋宮洞) 또는 쟁골이라는 이름으로 불리었다. 조선 중기부터 『동국여지승람』 등 여러 문헌에서도 연천 동쪽에 기황후의 묘소가 있었다는 기록도 남아 있다.

기황후 무덤(능)터, 유엔군 전사자 화장터

남북 분단과 근현대사의 질곡

연천에 이러한 역사 흔적뿐만 아니라, 유엔군 전사자 화장터도 있다. 이국만리 남의 땅에서 전쟁을 치르다 죽어, 여기에서 뼈와 재가 되었다. 그리고 조만간 연천에는 세 번째 국립현충원이 들어오면 미래의 호국영

연천 평화경작지

령이 함께 영면하는 곳이 된다.

연천의 깊은 역사를 반영해 '고대산(高臺山)'의 이름을 '고대산(古代山)'으로 바꿔보면 어떨까 하는 생각이 든다. 내륙 수로가 발달했던 과거, 번성했던 고랑포에는 화신백화점 2호점이 들어서기도 했다. 하지만 현

재는 지역의 95% 이상이 군사시설 보호구역으로 지정되어 발전이 제한
된 상태다. 통일을 준비하며 만들어 놓은 평화경작지는 오랜 세월을 더
기다려야 할 것 같다. 당포성 부근 군사 시설은 관광지에 어울리면서 고
구려 무사의 위용을 자랑하는 벽화를 예쁘게 그려 놓았다.

자연경관도 빼놓을 수 없다. 주상절리와 함께 걷기 좋은 길이 많다.
2021년 6월 12일, 연강나룻길을 걸을 때 개망초를 비롯한 야생화가 만
발한 꽃길이 인상적이었다. 2020년 12월 20일에는 통일이음길을 걸으
며, 장관을 이루던 역고드름을 보았다.

의정부, 이성계의 꿈과 좌절

옛날 이야기를 하면서 빠지지 않던 말이 "호랑이 담배 피우던 시절"이다. 산이 많은 우리나라에서 선조들이 호랑이를 얼마나 자주 마주쳤으면, 이런 표현까지 생겼을까? 의정부에는 '범골'과 '호원'처럼 호랑이와 관련된 땅이름이 있다. 사방이 산으로 둘러싸인 만큼, 호랑이가 살았을 가능성은 충분하다.

오래된 마을에는 전설 하나쯤은 있기 마련이다. 민락동 '삼귀(三龜)마을'에 성스러운 거북 모양 바위가 세 개 있는데, 평소에는 두 개만 보인다. 숨겨진 거북이 모습을 드러내는 날, 하늘에 다섯 개의 별이 일렬로 늘어서는 '오성취루(五星聚婁)' 현상이 나타나고, 빛을 받은 수락산에서 봉황이 다시 깨어난다는 이야기다. 신동명 씨의 『전국지명밟기』에 나오는 내용이다.

역사적으로 조선 태조 이성계와 깊은 인연이 있다. 행복로에는 말을 타고 활을 쏘는 동상이 우뚝 서 있고, '회룡'과 '전좌' 같은 이름이 있다. 의정부, 회룡과 전좌라는 이름은 모두 이성계와 관련이 있다.

1384년 이성계는 무학과 함께 이 절에 와서 3년 동안 창업 성취를 위한 기도를 하였다고 한다. 그 뒤 이성계가 동북병마사가 되어 요동으로 출전하자, 무학은 그의 영달을 축원하였다. 왕위에 오른 이성계가 이곳

회룡사 석굴암의 김구 주석 흔적

으로 무학을 찾아와서 법성사가 회룡사로 이름이 바뀌었다.

왕자의 난에 화가 난 이성계는 고향 함흥으로 가버린다. 무학대사의 권유에 따라 '함흥차사'의 죽음을 끝내고 돌아온다. 의정부에서 아들 태종 이방원이 이성계를 맞이했고, 두 임금이 마주 앉았던 곳이라 하여 전좌(殿座)다.

그때 조정 대신들이 이곳까지 찾아와 정사를 보고했다고 전해진다. 기록에 '의정부(議政府)'라는 기관이 이곳에 있었던 흔적은 없다. 양주나 회룡사에 머물던 아버지 마음을 돌리기 위해 정승을 보내서 보고했다는 것은 가능한 일이다.

그렇게 보면 의정부라는 도시 이름이 이성계와 관련이 있고, 무학대사와 함께 조선 왕조의 중요한 순간들과 맞닿아 있다. 사패산은 선조가 여섯째 딸인 정휘옹주에게 이 산을 하사한 데서 비롯되었다. 의순옹주의 족두리 무덤도 있다.

청나라에서 왕실에 청혼을 하자, 이곳에 살던 종친이 딸을 효종의 양녀로 보내서 '의순옹주'가 되었다. 시집을 가던 중에 평안도 정주의 벼랑에서 몸을 던졌고, 족두리만 남아 무덤을 만들었다. 시집을 간 것은 역사적 사실이고, 남편 도르곤이 말에서 떨어져 죽는 바람에 청상과부로 돌아왔다.

당시 남녀 차별과 청나라 혐오 문화까지 합쳐졌으니, '족두리 무덤'으로 기억하는 편이 더 낳았을 것이다. 학교와 다리 등에 '의순'이라는 이름이 남아 있다. 근처에 표지판이 없어 무덤을 찾는 데 실패했다. 사회관계망서비스에 내 글을 본 지인이 동네 아파트 뒤에 있다고 알려줘서 다시 찾았다.

송산사지(松山祠址)는 이성계의 부름을 물리치고, 고려 왕조에 절개를 지킨 여섯 분의 뜻을 기리는 사당이 있던 터다. 조견, 정구, 원선 세 분이 먼저 들어와서 '삼귀(三歸)마을'이 됐다. 송산은 조견의 호 '송산'을 따서 지어진 이름이다. 사당이 북향으로 자리 잡고 있어 고려의 왕도인 개성을 잊지 않겠다는 의미를 담고 있다.

정문부는 임진왜란 초기 함경도로 쳐들어온 왜적과 싸워 이긴 북관대첩비의 주인공이다. 이괄의 난에 관련 있다는 죄목으로 고문을 받아 감옥에서 돌아가셨다. 북관대첩비는 러일 전쟁 때 일본군이 가져가 일왕에게 바치는 예식을 치르고 야스쿠니 신사로 보냈다.

유학생이던 조소앙이 이 비를 발견하였고, 오랜 협의 끝에 2005년에야 한국으로 돌아왔다. 그리고 2006년 정문부의 묘소와 사당이 있는 용현동에서 제향 의식을 행하고, 북한으로 보냈다. 북한은 국보 제193호로 관리하고 있다.

충절을 지킨 사람이 있는가 하면, 단종을 배신하고 세조 편에 섰던 신숙주 묘도 있다. 그의 변절을 빗대어 잘 상하는 나물을 숙주나물이라고 한다. 미륵암이 신숙주 묘 바로 옆에 있는데 내려오는 얘기가 있다. 농부가 밭을 갈다가 미륵불상을 발견하였다. 이 소식을 들은 세조가 신숙주에서 절을 짓게 하였다는 것이다. 그때 발견했다는 미륵불은 없고, 얘기만 전해온다.

장암 지역은 서계 박세당 고택이 있고, 반남 박씨와 관련이 있는 마을이다. 박세당은 벼슬을 버리고 매월당 김시습을 추모하는 청풍정과 청절사를 지었다. 둘째 아들 박세당은 인현왕후 폐위를 반대하다가 진도로 유배를 가던 중에 노량진에서 죽었다. 노량진에 있던 노강서원이 없어지자, 1969년 청절사에 노강서원을 다시 지었다. 바로 위 석림사는 박씨의 문중 절이나 마찬가지다.

담장 밖과 안에서 찍은 박세당 고택

박세당 고택은 두 번째 와서 집안을 볼 수 있었다. 문 앞에 적힌 번호로 전화를 걸어보니 안에 사람이 살고 있다. 건물만 남은 유적이 아니고, 후손이 살고 있는 살아 있는 집이다. 뒤로는 수락산을 끼고, 멀리 도봉산 자운봉을 바라보며, 마당에는 480여 년 된 보호수 은행나무가 있다.

의정부 보호수는 대부분 은행나무인데, 회룡사 입구 회화나무와 갈참나무, 도봉산역 부근에 보호수로 지정된 소나무가 있다. 회화나무에는 지나가던 도인이 심었다는 전설이 전해진다. 회화나무에서 한 시 방향 100미터쯤 산자락에 갈참나무가 있다.

나라가 가난하던 시절에 먹었던 부대찌개는, 부대찌개 거리와 함께

박세당 고택 은행나무와 회룡사 입구 회화나무

회룡역과 흥선역 부근, 재개발로 사라질 마을

의정부를 대표하는 음식으로 자리 잡았다. 의정부에는 각각 특색을 지닌 이름을 가진 도서관이 네 개 있다. 과학, 미술, 음악, 영어 도서관으로, 나름대로 도서관 이름을 살리려고 노력하고 있다.

덧붙이는 글: 대중교통과 걸어서 다니다 보면, 항공사진이 필요한 곳이 있다. 회룡역과 흥선역 부근에 있는 사라져가는 마을을 찍으면서 드론이 절실해진다. 그러자면 차도 있어야 하고, 배보다 배꼽이 더 커지게 된다. 의정부에서 항공사진을 찍어 옛 마을 사진을 남겼으면 좋겠다.

인천, 잃었던 이름을 되찾은 '미추홀'

1992년, 인천 2함대 사령부에서 유도탄고속함 함장으로 복무하며 만수동에 살았다. 바다에서 보내는 시간이 집보다 많았던 시절이다. 30년이 지나 다시 이곳, '남구'가 아닌 '미추홀구'로 돌아왔다. 이제는 낯익은 기억과 풍경이 새로운 이름과 함께 다가온다.

서울이나 부산, 광주처럼 대부분 대도시가 여전히 '동·서·남·북' 같은 방위 중심 행정구 명칭을 고수하는 가운데, 인천이 고유한 역사와 정체성을 담은 이름인 '미추홀'을 되찾은 일은 참 반가운 변화다.

나는 다른 도시들 역시 무채색 이름 대신 각자의 이야기를 담은 이름을 되찾기를 바란다. 이름은 단지 방위(方位)가 아니라 그 땅에 스며든 시간의 결을 다시금 되살리는 작업이다.

주인 공원 벽화

미추홀, 2천 년 전 물의 고을

'미추홀(彌鄒忽)'은 고대 백제 건국신화에 등장하는 이름이다. '물의 고을'이라는 뜻을 지닌 이 지명은 약 2,000년 전부터 존재했다. 오랜 세월 침묵 속에 잊혔지만, 마침내 제자리를 되찾았다. 이름을 되찾는 일은 단순한 행정 절차가 아니다. 그것은 지역의 정체성을 회복하고, 그 땅에 스며든 시간의 결을 다시 일으켜 세우는 일이다.

두 가지 설이 있는데, 비류와 온조 두 형제가 남쪽으로 내려와, 형 비류가 나라를 세운 땅이 바로 미추홀이다. 이후 오랜 세월 중심지 역할을 하다, 1883년 인천항 개항과 함께 도심의 중심축이 항구로 옮겨가며 문학산 아랫마을은 '구읍면'이라는 이름으로 조용히 시대의 뒤안길로 물러났다.

일제강점기와 산업화의 파도 속에서, '남구'라는 이름 아래 60여 년이

흘렀고, 그동안 수많은 사람이 이곳에 정착하며 삶을 일궈왔다. 그러던 중 2018년 7월 1일, 남구는 잃어버렸던 이름 '미추홀구'로 돌아왔다. 나는 그날을 인천의 또 다른 '개항일'이라 부르고 싶다. 단지 행정구 이름이 바뀐 날이 아니라, 잊혔던 자존심과 정체성이 되살아난 날이기 때문이다. 왜냐하면 방위가 들어간 이름은 일제가 붙였다는 말이 있기 때문이다.

문학산과 함께 한 미추홀

문학산은 높이 217미터의 낮은 산이나, 역사는 높고 깊다. 부근에서 선사시대 고인돌, 돌도끼와 돌화살 등이 발견되었다. 백제 시대로 추정되는 문학산성이 남아 있다. 또 고려 시대의 문학사지, 조선 시대의 문학 문묘, 학산서원지, 안광당지 등이 있는 인천의 중심부였다. 만약 산이 높았다면 중심이 되지 못했을 것이다.

문학산성은 역사가 긴 만큼 성 이름 역사도 길다. 1454년에 남산 석성으로 불리다가 이후 남산 고성으로, 평범하게 남쪽 산에 있는 옛 성이라 불린다. 1778년쯤에 비류성으로 옛 역사를 찾아간다. 아마 1842년쯤에 불린 미추홀 고성, 남산 고성, 문학산성이 현재 이름 근간으로 봐야할 것 같다. 이후 문학산 고성이 주류를 이루고, 1899년에 다시 미추홀 고성 이름이 되살아난다.

이름 속에 깃든 동네 이야기

미추홀구의 동네 이름들은 저마다 고유한 역사와 사연을 품고 있다.

문학동은 미추홀 왕국의 발상지이자, 인천의 역사적 뿌리가 서려 있는 곳이다. 문학산 일대에는 인천도호부 관아, 인천향교, 학산서원터, 삼호현 등 수많은 유적이 모여 있다.

고려 시대에는 인주로 승격되어 번성했지만, 1883년 개항 이후 도심 기능이 옮겨가며 쇠퇴의 길을 걸었다. 문학동에서 분리된 관교동은 '관청리'와 '향교리'에서 유래한 이름이다.

숭의동은 일제강점기에는 '대화정'이라 불리다가, 해방 후 1946년 '해방을 기리는 뜻'에서 지금의 이름으로 바뀌었다. 학익동은 학이 날개를 펼친 형상의 지형에서 유래했고, 문학산 기슭엔 부여 시대부터 사람이 살아온 '장자골'과 백제 시대에 '햇골' 마을이 있었다.

옛 산길 골목과 산보다 높게 올라가는 아파트가 공존하는 숭의동

도화동은 원래 '베말', '쑥골', '도마다리' 등으로 불리다가 1914년 '도마교리'의 '도'자와 '화동'의 '화'자를 따 '도화리'로 불렸다. 도마교리는 경인 도로 개설 때 말이 지나던 다리 마을을 뜻하며, 수봉공원 진입로 일대가 그 자취다. '쑥골'은 지금의 선인체육관 주변으로, 번저기나루를 통해 개건너와 연결되는 마을이었다.

용현동은 1914년, '비룡리'의 '용'자와 '독정리'의 '정'자를 따 '용정리'로 불리다, 해방 직후 '용현동'으로 개칭됐다. 미추홀구청을 가다 보면 '독정'이 있는데, 얼핏 큰 돌과 우물이 있었나 생각되는 이름이다. '독정이'는 선비들이 책을 읽던 정자인 '독정(讀亭)'이다. 용현이란 용이 나타난 고개라는 뜻으로 이 마을 용골 이름을 이용한 것이다. 용현고개는 역전앞처럼 한문과 한글이 잘못 쓰인 말이다.

주안동은 '충훈부'의 방죽과 선비들이 살던 '사미리'에서 유래했다. 주안산의 붉은 흙과 기러기처럼 앉은 산세에서 '주안'이라는 이름이 비롯되었다. 원래 석바위 뒷산이 주안산이며, 내가 살고 있는 주안동 일대는 과거 염전이 펼쳐졌던 바닷가였다. 이 지역에 주안역과 주안 염전이 설치되며 지금의 주안동으로 자리 잡았다. '염전로'라는 도로명에 그 흔적이 남아 있다.

이름을 되찾는다는 것, 얼굴을 되찾는 일

'미추홀'이라는 이름 안에는 우리가 어디서 왔는지를 기억하게 하는 힘이 있다. 정체성이 흐릿해진 시대, 이름을 되찾는다는 것은 잃어버린 자기 얼굴을 다시 찾는 일이다. 만약 다른 대도시들도 방위 중심의 무채색 행정명에서 벗어나, 각자의 고유한 이야기와 역사적 뿌리를 담은 이름을 되찾는다면 행정구역 하나하나가 단순한 지도상의 경계가 아니라, 사람과 기억이 깃든 '삶의 공간'이 될 것이다. 인천 '미추홀'은 그 가장 확실한 증거다.

평택, 땅 이름 속에 담긴 역사와 현재

2021년 7월, 홍성에서 점심을 먹은 일행이 차를 태워 추천해 준 평택호로 향했다. 넓게 펼쳐진 물결 위로 붉은 노을이 번졌다. 일몰 무렵, 사진사들이 삼삼오오 삼각대를 세우는 모습이 눈에 띄었다. 평택호의 노을이 제법 이름나 있다는 뜻일 터, 이곳에서 하룻밤을 묵기로 했다.

주변 사람들에게 좋은 길을 물으니 '섶길'을 추천한다. 낯선 이름이지만 왠지 정겨웠다. 길 입구를 가리키는 안내판이 보이지 않아 한참을 헤맸다. 길의 입구는 이런 모습으로 숨어 있었다.

평택호를 따라 이어진 섶길은 기대 이상이었다. 바다 같은 호수를 옆에 두고, 논과 밭, 마을이 이어지는 시골길을 걷는 기분이 참 좋았다. 우리나라 시골길이 이렇게 아름다운 줄 몰랐다. 언제 다시 오고 싶을 정도로 마음을 붙잡았다.

'평택 섶길'은 한복의 윗옷 깃에 달린 작은 조각이란 뜻이 있는 '섶'에서 따 온 이름이다. '평택을 둘러보는 작은 길'이라는 의미로 지어졌다. 섶길은 대추리길, 노을길, 비단길, 원효길, 소금뱃길, 신포길, 황구지길,

뿌리길, 숲길, 과수원길이 있다. 또 소재별로 명상길, 원균길, 장서방네 노을길이 만들어져 있다

2024년 1월에는 서해랑길 평택 구간을, 12월에는 경기둘레길 평택 구간을 걸었다. 팽성이 평택의 본향인 줄 알았는데, 현장에서 보니 아닌 것 같다. 향교로 족보를 따진다. 향교는 단순한 교육 기관일 뿐만 아니라, 해당 지역이 독립적인 행정 단위였음을 보여주는 중요한 증거이기도 하다. 그래서 나는 전국을 다니면서 오래된 고을의 현장을 향교와 몇백 년 된 고목으로 확인하곤 한다.

현재 평택시에는 평택 향교, 팽성 향교, 진위 향교가 있다. 평택에 향교가 세 곳에 있다는 사실은, 이곳이 역사가 깊은 고을임과 동시에 과거에 평택현, 팽성현, 진위현이라는 독립적인 행정 단위였음을 보여준다.

조선 태종 시기 행정구역 개편 과정에서 팽성현은 진위현과 평택현에 흡수되었고, 이후 조선 후기까지 진위현과 평택현이 독립적인 행정 단위로 유지되었다. 1914년 일제강점기에 전국적으로 행정구역이 개편되면서 진위군과 평택군이 통합되어 평택군이 되었다. 이후 팽성은 평택군 팽성읍으로 개편되었다.

섶길 중 원효길 시골 구간

진위현은 현재 평택시 북부와 화성시 일부를 포함하는 지역으로, 비옥한 평야에서 쌀과 보리가 생산되었고, 진위천 등 하천을 활용한 물류 이동과 교역도 활발히 이루어졌다. 평택현은 평택시 남부와 안성 일부 지역을 포함하며, 넓은 평야 지대를 중심으로 농업이 발달했다. 팽성현은 현재의 팽성읍 일대를 중심으로 농업과 교통의 요지 역할을 했다. 이런 지역 특성으로 인해 평택과 안성 등은 시내버스가 잘 연결되어 있다.

평택은 예부터 한강 이남의 방어 요충지로 평가받아 왔다. 팽성읍에는 옛 읍성이 있었다고 하는데, 이번 여정에서는 직접 둘러보지 못해 아쉬움이 남는다. 대신 들른 곳은 '농성(農城)'이라는 이름의 작은 흙성이다. 둘레 약 300미터, 높이 약 4미터 정도로, 겉보기에는 다소 소박한 규모다.

안내판에는 이 성에 얽힌 세 가지 설이 적혀 있었다. 하나는 삼국시대에 도적의 침입을 막기 위해 쌓았다는 것이고, 또 하나는 신라 말, 중국에서 건너온 평택 임씨 시조 임팔급이 정착해 살던 생활 근거지였다는 주장이다. 마지막은 고려 시대와 임진왜란 당시 왜적을 막기 위한 방어 시설이었다는 설이다.

임팔급은 은나라 왕자의 후예로, 조카인 주왕의 폭정을 간하다 죽음을 맞았다고 전해진다. 그 자손이 한반도에 정착해 평택 임씨의 뿌리가 되었다는 것이다.

하지만 농성은 군사적 요새로 보기엔 너무 작고, 보루라기엔 낮으며, 담장이라 하기엔 규모가 크다. 방어용인지, 생활과 방호가 혼재된 성인지 정확한 용도는 아직도 분명치 않다.

지금은 군사기지가 성 역할을 하는데, 주한미군 캠프 험프리스 기지

농성 바깥과 안 풍경

가 위치한다. 평택항이 만들어지면서 해군 2함대가 인천에서 이곳으로 모항을 옮겼다. 또 주변에 공군 작전사령부외 미 공군 등 군사적 시설이 집결되면서, 과거 군사적 요충지의 역할이 다시 살아나고 있다.

과거에도 이 지역은 중요한 교통 요충지였다. 삼국시대부터 조선에 이르기까지, 평택의 하천과 해안선은 물류와 인적 교류의 중심지로 기능했다. 특히, 수도사에는 661년에 원효대사가 당나라로 유학을 떠나다가, 해골 물을 마시고 깨달음을 얻은 이야기가 전한다. 이는 평택이 해외로 나가는 뱃길의 중요한 거점이었다는 사실을 알려준다.

마을 이름은 지역의 역사를 재구성할 수 있는 중요한 단서다. 팽성읍에는 향교와 객사가 있던 것에서 유래된 향교리, 객사리라는 마을 이름이 있다. 또한, 팽성에는 평궁리와 신궁리라는 이름의 마을이 있는데, 마을 통폐합 과정에서 상궁(上宮)과 하궁(下宮)이라는 이름을 합쳐 형성된 것이다. 조선 시대 궁궐이나 왕족이 관련된 궁방전(宮房田) 흔적을 보여주는 것으로 보인다. 실제로 조선 세조 시기 홍윤성과 같은 권력자, 또는 명례궁과 순화군 같은 궁실 및 왕족들이 대규모 간척 사업을 주도하며 궁방전을 확장했던 기록이 전한다.

지나가면서 보니 함정, 본정, 계정 등 '정'자가 들어가는 마을 이름이 많다. 이곳은 간척을 했거나, 갯가라 물이 귀해서 생긴 이름일 것이다. 자료를 검색하니, 경정(鯨井)은 '고래 우물'을 뜻하며, 본언리(本堰里)와 합쳐져 현재 본정리(本井里)로 이름이 바뀌었다. 두정(斗井)은 두곡과 월정이 합쳐져 형성된 이름이다.

새나리에는 옹달샘과 큰샘, 동창리에는 순둔물, 내리에는 아랫샘과 웃샘, 송화리에는 쪽박샘이라는 샘이 있다고 한다. 이 마을들은 물이 귀했던 시절, 우물과 샘이 지역 주민들 생활에 중요한 역할을 했음을 보여준다.

팽성 향교

포천, 궁예의 길
- 패자의 흔적을 따라

우리나라의 허리라고 할 수 있는 38도와 39도 선은 오랜 시간 동안 남북 세력 간 대치선이었다. 삼국시대에도 국경선이고, 발해와 고려의 국경선이었다. 임진왜란과 청일전쟁, 러일전쟁 때는 강대국 사이 분할을 모의하던 선이다. 현대에는 38선으로 이어져서 지금의 휴전선까지 이어진다.

치열한 각축장을 상징하는 대표적 성이 반달 모양의 반월성인데, 발굴 조사 이전까지 궁예가 쌓았다는 이야기가 내려왔다. 대략 4세기 후반에서 5세기 전반에 백제가 고구려를 방어하기 위해 쌓은 것으로 본다. 고구려의 장수왕이 한강 유역을 점령하면서 약 1백 년가량 고구려 성이 되었고, 7세기 초엽에 들어서 신라가 차지했을 것으로 본다. 한편, 6·25 전쟁 때 만든 육군 방어 벙커는 국가 등록문화재로 관리하고 있다.

육지 중심에 있으면서 변방 지역에 불과했던 철원과 포천 지역이 한때 나라의 중심이었던 때가 있다. 궁예가 후고구려(태봉)를 세우며 이

반월성과 육군 방어 벙커

지역이 중심지가 된다. 짧은 17년 만에 왕건 세력에게 자리를 빼앗기면서 그의 꿈은 좌절되었다. 포천 지역에 궁예의 얘기가 많이 남아 있는 이유는 궁예가 왕으로서 철원에서 권력을 누리던 시기보다는, 패배한 후 도피하던 과정에서 생긴 이야기 때문일 것이다.

궁예가 쫓기면서 세운 성들이나 그가 숨어들었던 장소들을 패자의 처지에서 역사적인 의미를 되새기며 방문하게 되었다. 궁예가 왕건에게 패하고 보가산성, 성동리산성, 명성산성 등에서 최후의 저항을 시도한 것으로 전한다. 궁예가 급하게 쌓은 성이 있을 것이고, 이미 있는 성에서 항전하였을 것이다.

보가산성은 보개산성 또는 궁예왕대각대성지, 궁예왕 성터 혹은 대궐 터로 불리며, 궁예왕 우물터 등 전설이 남아 있다고 한다. 산성은 확인했지만, 다른 장소는 자세한 위치정보가 없다. 성동리산성은 태봉산에 쌓은 산성으로써 '태봉성' 혹은 '태봉산성'이라고 부르기도 한다. 나라 이름 '태봉(泰封)'을 뜻하며 쫓길 때 급히 이 산성을 급히 쌓았다는 설이 있다.

보가산성

보가산성은 산정호수에서 서북쪽 약 23㎞ 떨어진 곳에 있으며, 성동리산성은 산정호수에서 11㎞ 거리로, 두 지역 모두 보병이 하루 동안 이동할 수 있는 거리다. 그 가운데쯤 있는 명성산과 명성산성은 궁예가 눈물을 흘렸다는 전설이 전해지며 울음산, 울음성, 울음산성 등 이름이나마 궁예가 흘린 눈물을 잊지 않고 있다.

특히, 산정호수와 명성산 부근에는 궁예와 관련된 지역이 집중되어 있다. 철원 쪽에서 궁예 능선을 따라 궁예봉을 거쳐, 명성산 정상에서 산정호수까지 등산로가 이어진다. 궁예가 쌓았다는 성벽 성터와 궁예 동굴, 궁예왕 침전 바위 등이 있다. 하지만, 자세한 위치정보도 없고, 내체력으로는 겨울에 혼자서 하는 등산은 무리라 포기한다.

명성산 억새밭에서 조금 내려오면 산정호수 4㎞ 전에 있는 궁예 약수터는 계곡을 따라가는 쉬운 길이다. 주차장 안내판에는 궁예 약수터로 표시되어 있는데, 현장에는 그냥 안전용 기둥형 안내판에 약수터라고만 쓰여있다. 산정호수에서 올라갔다면 계곡물을 마시면 되는데, 철원에서 내려왔다면 이 약수터가 처음 나오는 귀한 물일 것이다.

궁예 약수터

내가 거기까지 올라간 이유는 궁예에 관한 얘기를 따라서 올라간 것이지, 등산하거나 물 마시러 간 게 아니다. 포천시에서 궁예와 관련된 주제(얘기)를 묶어서 하나의 길을 만들고 관광자원으로 활용하면 좋겠다.

산정호수로 내려오면 상동 주차장 옆에는 궁예 부하가 망을 봤다는 망봉산이 있고, 뜻과 이름도 비슷한 망무봉은 호수 건너에 솟아 있다. 또 망무봉은 궁예가 군사들 훈련을 지켜봤다는 말이 전한다. 평지에 내려와서 숨을 돌리고 재정비를 했을 것이다. 주변 여우봉은 궁예가 여우

오른쪽이 망무봉, 왼쪽이 망봉산

꾀를 부린 왕건에게 패해서 붙인 이름이라고 한다.

또 산정호수 옆에 있는 자인사는 궁예와 왕건의 얘기가 전한다. 왕건이 궁예 명을 받아 후백제로 가기 전에 여기서 제를 올려서 승전했다는 잿터바위가 있다. 자인사 내력 안내판에는 궁예가 왕건에게 쫓겨서 뒷산인 명성산에 진을 치고, 여기서 자주 기도했다는 내용이 있다.

주변 이름 중 용화동은 궁예의 미륵 세계에 대한 다른 이름이고, 철원 쪽을 바라보며 눈물을 흘리며 시름에 잠기자 "이제 그만 들어가십시오"에서 '그만'이 '구만'으로 바뀌었다고 한다. 한탄강은 궁예왕이 강변에서 한탄했다 하여 붙인 이름이다. 이런 이름들은 후대 주민들이 중심지에서 주변지로 밀려나며 아쉬움과 비애를 담아서 지었을 가능성이 있다.

궁예의 폭군 이미지가 형성된 것은 왕건을 비롯한 승자들의 기록 때문일 가능성이 크다. 특히, 호족 연합과 왕씨 정권은 자신들의 정당성을

잿터바위

강조하기 위해 궁예를 포악한 인물로 기록했을 것이다.

918년 궁예가 쫓겨나고, 923년이 되어서야 포천 지역의 유력 호족인 성달이 귀부했을 정도로 이 지역의 궁예에 대한 민심이 만만치 않았음을 보여준다. 특히 미륵불의 흔적을 동네 이곳저곳에서 볼 수 있는데, 구읍리 미륵불상이 대표적이라 할 수 있다. 또한 명주(강릉) 성주 김순식도 924년까지 왕건에게 귀부하지 않고 독자 세력을 유지했다.

궁예는 철원 남쪽 포천으로 내려가 왕건에게 대항하여 반년 동안 항쟁을 이어갔다. 그래서 포천에는 궁예와 관련된 일화와 지명이 상당수 남아있다. 승자의 길이 아니고 패자의 길로써, 현재 남북 대치 상황까지 고려하면, 왕권 싸움 이상의 지정학적 의미를 지닌 포천이다.

이 책은 국민주권 전국회의, 박태갑, 한종수, 김해진 님이 제공한 공간에서 작업과 휴식을 강세욱, 이정학, 한종수, 조병현, 설숙련 님의 세심한 교정과 조언을 거쳐 수많은 벗의 응원으로 세상에 나왔습니다. (호칭 생략)

곽경숙, 유영아, 최세열, 안수경, 하준명, 정상진, 유광수, 김태선,
김정훈, 박소현, 이창식, 김효현, 박경남, 강경국, 김진호, 진호영,
김상철, 고한석, 위윤기, 박연환, 김병수, 김미경, 송성훈, 김혜숙,
정영득, 한광희, 서종대, 송재주, 이상호, 고길준, 김향중, 장영종,
정진식, 최종원, 김 일, 손준호, 정외숙, 전명숙, 김학신, 최경석,
박승현, 최명복, 최정석, 강미영, 이호현, 최승민, 박리나, 김도희,
오수현, 한형종, 이영미, 정종기, 이경수, 이동규, 김성수, 염홍숙,
전ㅇ화, 최재선, 송재경, 이재봉, 조홍구, 나상도, 장한수, 김종국,
류경도, 임진철, 이재혁, 이규승, 박범진, 강정숙, 신슬기, 김태진,
이병권, 윤선주, 박일수, 박충기, 김연빈, 정원스님, 김선홍, 김진희,
문승섭, 배준환, 김강호, 나병승, 한승훈, 손병철, 염학봉, 박성주,
송태표, 허영진, 정용호, 김용운, 노정화, 최송호, 박진영, 송동석,
선원표, 이형택, 김경빈, 강남욱, 이영곡

고맙습니다.

2025년 9월 7일

이병록

이병록의 신대동여지도

해군제독의 국토순례기

초판 1쇄 발행　　　2025년 9월 10일

지은이　　　이병록

펴낸이　　　이명권

펴낸곳　　　열린서원

등록번호　　　제300-2015-130호(1999년)

주소　　　강원특별자치도 화천군 간동면 용호길 73-155

전화　　　010-2128-1215

전자우편　　　imkkorea@hanmail.net

ISBN　　　979-11-89186-81-4(03980)

값 20,000원

※ 잘못 만들어진 책은 구입한 곳에서 교환해 드립니다.

※ 이 도서에 국립중앙도서관 출판사 도서목록은 e-CRP홈페이지
(http://www.nl.go.kr/ecip)에서 이용하실 수 있습니다.